"十四五"普通高等教育本科部委级规划教材

女装系列样板设计与实训

（提高篇）

胡国璋　喻玥　周丽娅 ◎ 著

中国纺织出版社有限公司

内 容 提 要

本书主要内容包括：样板绘制知识与流程和样板绘制实例应用。通过详细说明掌握知识点的要领和方法，准确分析和获得支撑服装三维立体造型的尺寸关系和空间关系，为进一步纸样的绘制提供正确的技术信息。本书以女式服装季节性分类为主线，分别延伸出不同廓型和不同长短的服装系列，再将袖子和领子的变化分类与衣片搭配，以点带面、由浅入深。

本书既适用于服装设计专业师生学习，也适用于行业内服装设计师参考使用。

图书在版编目（CIP）数据

女装系列样板设计与实训 . 提高篇 / 胡国璋，喻玥，周丽娅著 . -- 北京：中国纺织出版社有限公司，2022.11

"十四五"普通高等教育本科部委级规划教材

ISBN 978-7-5180-9864-4

Ⅰ.①女… Ⅱ.①胡… ②喻… ③周… Ⅲ.①女服－纸样设计－高等学校－教材 Ⅳ.① TS941.717

中国版本图书馆 CIP 数据核字（2022）第 171369 号

责任编辑：孙成成　朱冠霖　责任校对：高　涵　责任印制：王艳丽

中国纺织出版社有限公司出版发行
地址：北京市朝阳区百子湾东里A407号楼　邮政编码：100124
销售电话：010 — 67004422　传真：010 — 87155801
http://www.c-textilep.com
中国纺织出版社天猫旗舰店
官方微博http://weibo.com/2119887771
三河宏盛印务有限公司印刷　各地新华书店经销
2022年11月第1版第1次印刷
开本：787×1092　1/16　印张：13
字数：236千字　定价：49.80元

前言

　　21世纪的今天，中国服装市场进入精品消费时代与行业全球化的时代。消费者市场需求、服装流行周期的快速变化使得成衣产品开发周期越来越短，服装企业会在顺应市场需求的同时，加快产品开发或快速生产、快速营销的方式来满足周期越来越短的市场节奏。这些现状，不仅改变服装设计策划的原来面貌，也影响服装企业内部产品设计开发中女装样板制作与制板的观念。

　　女装在服装市场里一直是引领时尚和潮流的火车头，是时尚与个性品牌的代表。而女性由于体型的独特性，对样板设计的制作水平、板型风格、技术要求都十分的讲究。女装成衣的完成，首先要经过样板设计，绘制样板或样板设计制图，将设计效果图转变为可进行工艺缝制流程的样板，经裁剪、缝合完成样衣，再经流水线完成批量的成衣。女装样板设计师工作在服装企业占有举足轻重的位置，服装业内板型设计师（简称样板师或板型师）工作内容包括：负责按照设计师的要求，完成每一件款式的样板制作、指导样衣工制作样衣，负责解决调整板型与工艺中出现的质量问题，以及投产款式的推档工作和参与生产过程的质量控制等。

　　样板制作在女装设计中是不可缺少的关键性的技术环节，在工业化的今天比手工作坊和高级定制时代显得更为重要。设计师从设计思维到服装造型至样衣呈现，或企业批量生产都是必须具有样板来指导生产的全过程。作为制板师，尽管样板本身是由二维的平面纸张构成，但在实践中必须认识到样板符合人体的重要性，在二维平面上工作时，想象三维人体上衣服的合体情况。因为服装是围绕人来进行设计的，而基础样板是在人体模型上获取的；人体是三维的，服装成型也应该是三维结构的，它有长度、宽度和深度，这是学习服装样板或制板必须树立的观念。

　　因此，学习必须了解服装造型结构与人体曲面的关系；熟悉人体基本比例和人体体表特征与服装点、线、面关系；掌握服装造型怎样适合于人体曲面的各种结构处理形式；掌握服装规格的制定和表现形式；掌握服装号型与号型制定的表现形式；熟悉常用的计算机制图软件；掌握结构设计与平面样板制图转换成立体造型的各种方法；认识面料对样板的要求变化和相对完整的系统的工艺指导技能；领悟服装设计师的基本意图；具备很好的沟通能力和团队协作精神；善于处理各种技术杂难问题等。

结构是服装设计的基础，了解并掌握如何把二维设计或样板转化成三维服装的技术是关键，结构是要既表达设计师创造美的服装设计创意，又要适合人体的运动和体型的特征，所以服装结构会涉及技术与艺术的两个方面。从基础的原理到一件有着复杂结构的服装，这个过程是要通过很多技术与艺术的手法和创造而产生的。我国传统的样板设计主要侧重于对平面构成法的研究，大多是经验的基础上进行理论总结，是"以衣为本"进行设计，重视款式和款式的平面构成方法，而本书要讲述的是区别于这种传统方法的，在3D的人体基础上，以原型为基础，以人体的衣服空间造型为本，经过立体验证的样板设计方法，即是"以人为本"进行设计结构，更具科学性和准确性。

本书目的在于呈现款式至样板完成的全部过程。在制板学习上，以日本新文化原型方法为基础，学习工业基本型绘制方法、从工业基本型样板到设计款式样板至样衣实验造型中相关细节的处理和女装样板制作所需要使用到的全方位的知识。样板制图着重强调操作能力的训练，着重解决结构原型、衣服基本款式与变化款式的关联性和特殊性方面的知识与解决方法。围绕女性人体或模型，以设计图为基础，分析二维样板和三维曲面立体造型与样板的合理构成，完成板型设计必须具备的基本技术能力。即分析款式说明，原型工业基本型的省道处理、样板制图、样板放缝、单件排板、裁剪、填写工艺单、工艺缝制、完成样衣、补正、调板至该板型的完成。在制板上，以新原型和工业基本型为基础，对款式图外观造型变化和内在省道线结构变化构成方法给予充分的实验论证，学会举一反三，能将基本型基本款展开延伸应用在各类变化款式的样板之中。学习后，具备审视服装效果图的结构组成、分析衣服与裁片各部位比例关系、号型尺寸设计及结构可分解性的能力。

服装专业教学几经变革，中国服装技术人员由原来的"裁缝"逐渐过渡到样板设计师或板型结构师，其知识结构和裁剪理论逐渐完善。一些女装结构设计或女装裁剪曾经适用的方法、内容、造型和相关技术都已发生变化，且更加精确，更加注重细节与造型审美。现代样板设计不仅着重现代美学、时尚的感觉，而且要有科学的计算，使完成样板结果能够达到行业的需求或制板的规范。作者通过近20年的实际制板经验与服装专业院校教学和科研经验相结合，讲述如何实现和掌握，真正做到看图打板、看样打板的实际方法及运用。作为服装教育要满足行业的人才需求，而服装业的发展总是跟随时尚理念的变化在与时俱进的。

作为学习者或未来服装业主要的技术骨干，与设计师打交道的板型师，必须具备精湛的制板技术、独到的眼光、丰富的经验，才能将样板知识"活用"，为女装设计打造美观、时尚、合适的造型。

胡国璋

2022年6月

目录

第一部分　样板绘制知识与流程

第二部分　样板绘制实例应用

第一部分
样板绘制知识与流程

第一章
样板绘制的基本知识

基础理论——

课题名称：样板绘制的基本知识。

课题内容：服装样板概念和样板绘制的专业语言；服装原型及原型衣片凸省的综合运用；
　　　　　成衣设计放松量的技术；成衣胸腰差的技术尺寸；服装面料使用量的估算方法
　　　　　介绍。

课题时间：2学时。

教学目的：在进入专业制图学习之前，对服装样板基础知识有一个初步掌握。

教学方式：理论授课。

教学要求：了解服装样板的基本知识，理解并熟记本章关键技术。

课前后准备：课后关键知识理解和熟记。

第一节 相关概念与专业术语

每一个行业都有着自己的相关概念和专业术语。术语就是一种语言，一种在行业内经常使用和用于交流的语言。在服装企业的服装设计实际操作中，样板绘制或结构设计将贯穿于设计开发产品的全过程。因此，在学习样板绘制之前，我们必须了解相关概念与专业术语。

一、样板概念

样板（Pattern）是以纸制成的衣片，也称样板板型。样板一词是服装工业专用的词语，它是依据款式图绘制的衣服分解的结构形态，是以纸为材料制作的样板。样板有净样和毛样之分，没有缝份的为净样，有缝份的为毛样。经放缝、放码完成的制板为工业样板（样板）或称板型、头样。因为用纸较面料成本低，且便于修改补正。绘制样板一般选用牛皮纸，工业样板使用厚的硬板纸。制作板型的人称为"板型师"或"板型设计师"。

板型样板（Sample）在服装工业生产中是作为参照物的"头样"。服装厂有样板间，是专门制作样板板型的地方。

结构（Structure）一般描述建筑式样结构。服装结构是用以组成整体的各局部搭配组合和安排配置的。在服装工业中，把衣服的各部件、各层材料的几何形状配比以及相互组合关系称为结构。

二、专业术语

1. 款式图（Design Drawing）

款式图是表达服装样式或标示各部位加工要求而绘制的技术性简图，是以线稿描绘的前正面、背面的图示。款式图要求各部位比例正确，造型表达准确，工艺特征具体，是行业内表达服装样式的基本方法。

2. 服装结构设计（Clothing Construction Design）

服装结构设计是针对人体形态与相对应的衣服各部位外形，如衣片、袖片、领片、裤片和裙片的分割组合及各部分之间吻合关系的设计，使衣片结构的分解与组合具有合理性和美观性。

3. 结构制图（Structural Drawing）

也称裁剪制图、服装制板、样板绘制。依据款式图对衣服各部位的几何形状通过分析计算，在纸张上绘制出衣片外形与结构线的过程，俗称平面裁剪。平面裁剪包含了先制图后裁剪之意。

4. 衣片（Block）

也称裁片，是经结构制图后，将样板样片过迹到面料上，并裁剪成服装衣片的平面分解图形。将衣片缝合，即成为立体的服装。

5. 结构线（Construction Line）

结构线是指衣服上沿着身体曲线设计的衣片分割线。有让平面面料立体化，使衣服合体的作用，如衣服上的公主线、中心线和侧缝线等。

6. 公主线（Princess Line）

公主线是指前、后衣片从袖窿处起过胸围经腰围至衣摆分割的曲线，是为衣服吻合人体胸和腰部美感设计的线。

7. 中心线（Center Line）

也称中线，是用以标识服装中心的线条。因为人体是对称的，在服装样板制图中，将面料折叠处作为中线，通常只绘制完成一半样板，即可完成对称的左右衣片。点划线是中心线的特定标志，当制作不对称样板时，中心线能给人体以准确定位的特定用途。

8. 侧缝线（Side Seam）

侧缝线是沿着身体侧面竖直并与地面垂直的线。

9. 原型（Prototype、Garment Basic Pattern）

也称基础样板，是包裹人体体型最基本的一种衣服形态。这种样式只能满足人体生理结构需求和基本呼吸量与功能需求量，原型是服装样板或服装结构制图最简单的基础样板。原型特点是新款式制图时能够较方便快捷地制作出平面展开图，任何复杂变化的款式都可以使用原型完成。

10. 裁剪（Cutting）

我国服装界最初的制图叫"裁剪"，是在面料上根据人体尺寸和款式特点画出相应的轮廓线，然后沿轮廓线剪切成衣片的过程。在手工作坊的年代，裁剪的学习是师傅带徒弟的方式，从事裁剪的人称为"服装裁缝"。20世纪中叶，那些在街边摆摊，使用一块木板、一把剪刀、一块划粉为客户裁剪的人就是"裁剪师傅"。

11. 缝合（Sewing）

缝合是指将两片裁片用针线连在一起的状态。缝合的技术对服装质量有很大的影响，服装的平整程度与缝合质量有关，缝合得好的服装有服帖平整的外观，反之，服装上就会出现皱褶。一个经验丰富的样衣师通过观察起皱的方向就能知道问题在哪。

12. 样衣（Sample Garment）

样衣是依照设计稿制作出来的第一件衣服。在行业内制作样衣的人称为工艺师，俗称"样衣工"。样衣分为两种：一是企业自主设计试制，供客户选样订购用的新款样品；二是按客户要求制作，并经客户确认的样品，是体现设计意图和原作精神的样衣。不论哪一种样衣，都是设计师、制板师和样衣工密切配合、反复修改、不断完善的集体劳动成果。为使其与批量生产的大货保持一致，样衣通常采用与缝制车间相同的机器设备和操作规程制作。当企业成批量生产时，样衣就成为批量流水线上缝制出来的产品检测依据。

13. 成衣（Garments、Ready-to-wear）

成衣是指按国家规定的号型规格系列标准，以工业化批量生产方式制作的成品衣服，是相对于量体裁衣式的定制和自制衣服而出现的一个概念。成衣作为工业产品，符合批量生产的经济原则，生产机械化、产品系列化、质量标准化、包装统一化、生产规模化，并附有品牌吊牌、洗水唛头、面料成分、号型、洗涤保养说明等标识。

14. 放松量（Tolerance）

松量是身体测量净值与成品服装尺寸之间的数据差量。任何无弹性面料制作的服装必须在身体测量数据的基础上加放一定的松量，才能使人舒适的穿着。这个"放"字体现在设计的概念上，服装外观效果的宽松或适体，其松量加放的范围是有很大差别的。

15. 标准（Standards）

标准是针对企业生产的一切产品必须达到的质量要求和品质期望而构建的一个指标体系，如尺寸标准、制作方法标准、检验标准、质量标准和出产品标准等，一般是企业内部制定的。

16. 工艺单（Process Sheet）

工艺单是指规格或规程，是传递服装制作方法要求和结果要求的技术文件。工艺单提供了在整个生产链中每一个相关岗位人员之间的信息传递，涉及服装产品开发、生产、推广、销售等各个环节中的创意设计人员、技术设计人员、生产人员等，符合产品标准规程。工艺单在企业生产过程中起到产品控制的作用。完整的工艺单包含的信息必须有：设计信息——服装设计图、设计款式的技术性简图（正面、背面、侧面图示），简短的款式及颜色描述，设计编号、销售季节、设计通过日期、制单人、审核人等；面辅料信息——面料名称、纤维含量、纱支、重量、幅宽及后处理（某些要求准确到某个特定的供应商）等；工艺信息——规格号型、尺寸范围、缝合针距、工艺制作方法要求；配件与成本信息——材料清单、用料估算，以及制作第一个样板的成本预算表；主要目的是记录设计开发和决策设计的第一件样衣完成的所有信息。

17. 织物纱向（Yarn Fabric Direction）

织物纱向是指服装面料、辅料经纬纱线构成的方向。一般纵向的织物经纱纱线必须与身体竖直方向或前、后中线保持平行，横向织物纬纱纱线必须与纵向的织物纱向垂直。当制图时，在样板上必须标明纱向方向的符号。服装衣片裁剪符合织物纱向时，纵向纱向与横向纱向会呈90°角，这时的服装悬挂起来就很平整，当服装衣片裁剪不符合织物纱向时，服装穿起来就会扭曲。但是斜裁服装例外，斜裁衣片的方向与纱线方向呈45°角时，服装穿在身上或悬挂起来会有非常好的延伸性和悬垂性。

18. 人台（Cloth Modeling）

也称包布模特。人台与真人形体相符，用于样板制作和合体性试穿。成衣制作过程中不同部门都会使用人台，特别是设计室在开发新产品时，从样板到样衣都需要使用人台进行试穿检测，它是检验审核的工具。国内有模特衣架公司专门为服装制造业提供人台。

19. 试衣模特（Fitting Model）

试衣模特是设计师或生产商挑选的能代表目标消费者年龄和体型的模特。一般高级时装在审核样衣时通过试衣模特试穿检测和审核，以确定服装的织物纱向纹理、缝合、线条及均衡等合体性要素是否达标。

20. 服装工业样板（Clothing Industry Model）

服装工业生产中的样板，起着模具、图样和型板的作用，是排料、画样、裁剪和产品缝制过程中的技术依据，也是检验产品规格质量的直接衡量标准。样板是以结构制图为基础制作出来的，称为打制样板，简称制板。由于工业样板要反复多次地使用，一般采用较厚的板纸或卡纸来制作。工业样板根据企业生产程序的要求，又分为裁剪用样板和工艺用样板（实样、点位样）。裁剪用样板是在服装裁剪之前排唛架时使用的；而工艺样板则是在缝制服装中使用的。

21. 服装推板（Graded Pattern）

俗称推档、放码。服装推板基于批量生产的需要，是服装结构设计的延伸。无论是作为工业生产的服装产品，还是作为进店销售的服装商品，都需要有多个尺码供消费者选择。推板是以样板为基础，以档差为依据，以放码原则为规律做出多套样板，放码也就是出样。用字母XS、S、M、L、XL表示不同的规格。随着电脑CAD样板的应用和普及，如今工业样板都是电脑自动化排唛架或者电脑裁床系统完成。当下，服装电脑放码已经在行业内广泛使用，复杂的样板手工放缩需花费近一天的时间，但是服装CAD辅助设计系统则可以将时间缩短到几分钟。

22. 排板（Layout）

服装排板，俗称排料。指裁剪前，将衣片样板在规定的面料幅宽内做合理的排放。其意义在于最经济地使用面料，达到降低产品成本的目的。

在进入服装制图前必须明确专业词汇和相关概念，以便在制图裁剪中统一化、规范化。

三、样板部位术语

在样板制作过程中，为了清楚地表明结构线或结构点的位置，通常在相应的线或点上进行标示，如前中心线、胸围线、腰围线等。为了制图标示方便简洁，通常采用英文缩略的形式进行表达。下表列出了样板中常见部位名称和英文名称与简称（表1–1）。

表1–1 样板术语中英文对照与简写

英文简称	英文全称	中文名称
L	Length	长度
B	Bust Girth	胸围
W	Waist Girth	腰围
H	Hip Girth	臀围
BL	Bust Line	胸围线
WL	Waist Line	腰围线
HL	Hip Line	臀围线

续表

英文简称	英文全称	中文名称
EL	Elbow Line	肘线
KL	Knee Line	膝盖线或髌骨线
FBW	Front Bust Width	前胸宽
BBW	Back Bust Width	后背宽
AH	Arm Hole	袖窿弧线
SNP	Side Neck Point	侧颈点
BNP	Back Neck Point	后颈点或后领中点
FNP	Front Neck Point	前颈点或领窝点
SP	Shoulder Point	肩点或肩端点
SW	Shoulder Width	肩宽
BP	Bust Point	胸高点
HS	Head Size	头围
FCL	Front Centre Line	前中心线
BCL	Back Centre Line	后中心线
MHL	Middle Hip Line	中臀线
SL	Sleeve Length	袖长
WS	Wrong Side	反面

四、制图长度计量单位

样板制图中，长度计量单位的种类主要有公制、市制和英制三种。

1. 公制

公制是国际通用的计量单位。在服装上常用的计量单位是米（m），厘米（cm），也是我国通用的计量单位。

2. 市制

市制是我国过去习惯使用的计量单位。在服装上常用的计量单位是尺、寸，现在已经不通用了。

3. 英制

英制是英国、美国等国家和地区习惯使用的计量单位。在服装上常用的计量单位为英寸、英尺、码。我国服装企业生产出口的服装规格常使用英制。

公制、市制和英制之间可以相互换算（表1-2）。

表1-2　公制、市制和英制的换算

长度计量单位	换算公式	计量对照
公制	换市制：1cm×3=3分	1m=3尺=39.37英寸 1dm=3寸=3.93英寸 1cm=3分=0.39英寸
	换英制：1cm÷2.54=0.39英寸	
市制	换公制：1寸÷3=3.33cm	1尺=3.33dm=13.12英寸 1寸=3.33cm=1.31英寸 1分=3.33mm
	换英制：1寸÷0.726=1.31英寸	
英制	换公制：1英寸×2.54=2.54cm	1码=91.44cm=27.43寸 1英尺=30.48cm=9.14寸 1英寸=2.54cm=0.76寸
	换市制：1英寸×0.762=0.76寸	

注：m（米）、dm（分米）、cm（厘米）、mm（毫米）。

第二节　服装制图的线条与符号说明

服装设计与其他学科一样都有专业术语，样板绘制有统一的技术符号和行业要求。服装制图符号和术语是一种沟通的语言，在服装行业经常使用和用于交流。

一、样板绘制的关键线条

在样板制图中，完成的衣片或裁片有着专门的部位名称和标示裁片的关键线条（图1-1~图1-5）。

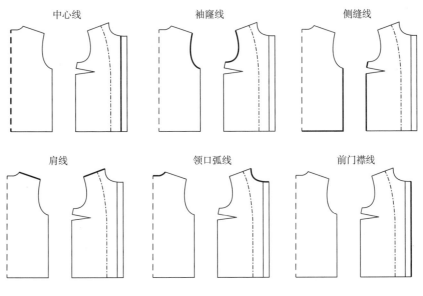

中心线　　袖窿线　　侧缝线

肩线　　领口弧线　　前门襟线

图1-1

图 1-1　衣片制图关键线条和部位图示说明

衣底线（下摆线）　　过面线　　袖窿底点

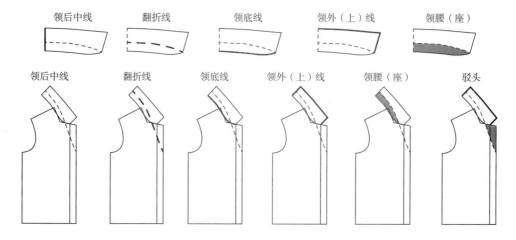

图 1-2　领片制图关键线条和部位图示说明

领后中线　翻折线　领底线　领外（上）线　领腰（座）

领后中线　翻折线　领底线　领外（上）线　领腰（座）　驳头

图 1-3　袖片制图关键线条和部位图示说明

袖山弧线　袖侧缝线（袖下线）　袖口线　袖中线　袖落山线　袖山中点　袖底点

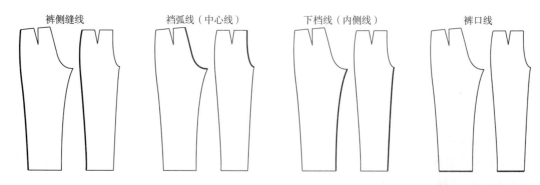

图 1-4　裤片制图关键线条和部位图示说明

裤侧缝线　　裆弧线（中心线）　　下档线（内侧线）　　裤口线

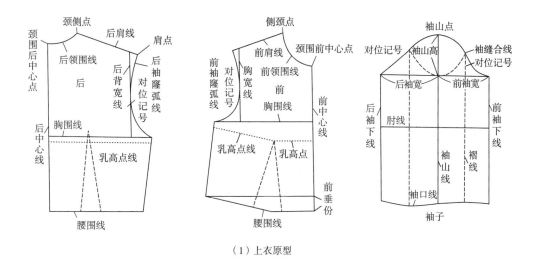

（1）上衣原型

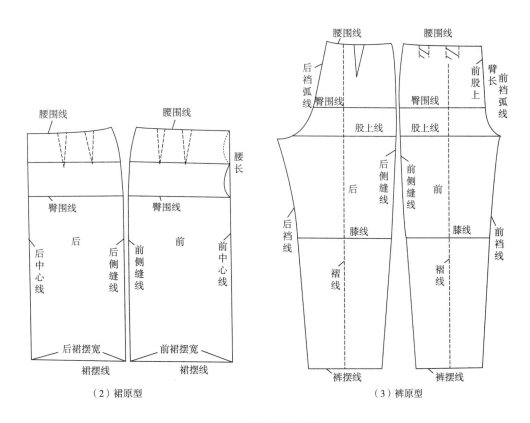

（2）裙原型　　　　　　　　（3）裤原型

图1-5　原型样板结构线说明

二、制图线条与符号说明

在制图过程中，为了规范、明了、准确传达裁剪标准，常用专用线条和符号来表示一些特定的意思和要求。绘制样板裁片的外轮廓线是粗实线0.5~0.7mm，基础线是细实线0.2~0.3mm；点划线表示裁片连折不可裁开的线条；虚线表示反面的轮廓线和部位缉缝线的线条等（表1-3）。

表1-3　制图线条和符号说明

序号	名称	表示符号	使用说明
1	细实线	——————————	表示制图的基础线，为粗实线的1/2
2	粗实线	——————————	表示制图的轮廓线
3	等分线	⌒⌒⌒	用于某部位划分成若干相等的距离
4	点划线	—·—·—·—·—·—	表示裁片连折不可裁开的线条
5	过面位线		
6	虚线	— — — — — ·	用于表示反面的轮廓线和部位绲缝线的线条
7	连裁线	— — — —	表示衣片不裁开
8	抽褶记号	∿∿∿∿∿	表示裁片某部位起始点之间的距离抽褶
9	省道线	∨	表示裁片需收取省道的形状
10	重叠记号		表示两块裁片某部位有相互重叠的部分
11	裥位线		表示裁片需要折叠进去的部分
12	刀口线	＜ ⊏	表示裁片某部位缝制时需要对位的记号
13	净样号		表示裁片是净尺寸，不包括缝头的记号
14	毛样号		表示裁片尺寸，包括缝头的记号
15	经向号	↕	表示服装材料布纹经向的标记
16	顺向号	⟶	表示服装材料表面毛绒顺向的标记
17	直角记号		表示侧边线与底摆成直角的符号
18	省略号		省略裁片某部位的标记，常用于长度较长而结构图中无法画出的部件
19	斜纱方向	✕	表示经纬纱呈45°的方向

续表

序号	名称	表示符号	使用说明
20	归缩号		表示裁片某部位熨烫归拔的标记，张口方向表示裁片收缩方向
21	省道合并转移记号	合并　剪开	表示闭合省道的位置和方向及转移省道的位置和方向
22	样板合并连裁记号		表示将两个或多个裁片拼合对接成单个完整的裁片

三、样板绘制的关键符号

完成的样板应该能够清晰地看到原型、衣片轮廓线、造型需要的省道线、衣片局部位置线、表示织物纱向的符号和表示工艺要求的符号等，以西服样板为例进行标注（图1-6）。

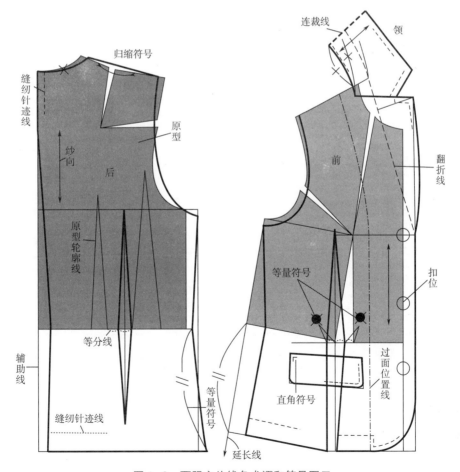

图1-6　西服衣片线条术语和符号图示

第三节　成人女子原型

一、衣身原型

衣身原型制图规格见表1-4，衣身原型结构制图如图1-7所示，衣身原型样板制图如图1-8所示。

表1-4　衣身原型制图规格　　　　　　　　　　　　　　　　　单位：cm

号型	名称	背长	胸围（B）	放松量
160/84A	净体尺寸	38	84	0
	成品尺寸	38	96	12

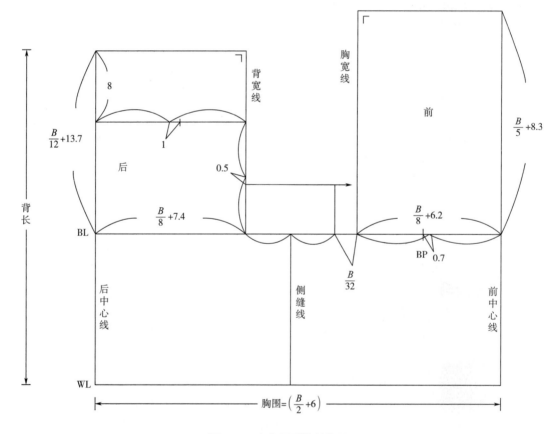

图1-7　衣身原型的结构图

二、袖原型

袖原型的样板制图如图1-9~图1-11所示。

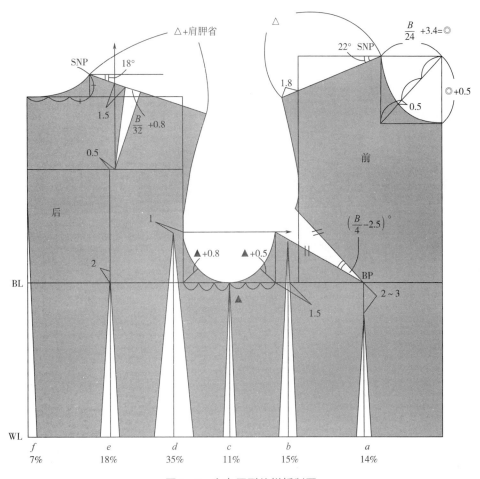

图1-8 衣身原型的样板制图

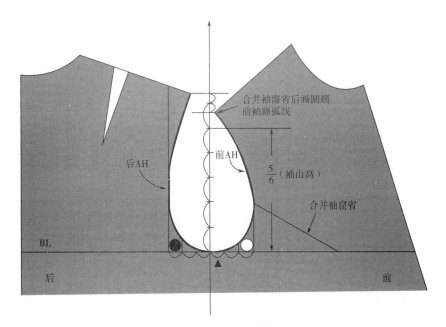

图1-9 原型衣身袖窿省合并

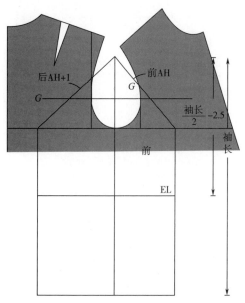

图1-10 袖原型基础框架

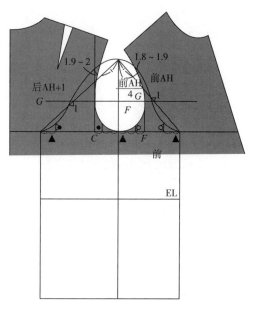

图1-11 袖原型轮廓线

三、前、后片腰省量比例分配

前、后片腰省量的比例分配见表1-5。

表1-5 前、后片腰省量比例分配   单位：cm

占总省量比例	f	e	d	c	b	a
100%	7%	18%	35%	11%	15%	14%
9	0.630	1.620	3.150	0.990	1.350	1.260
10	0.700	1.800	3.500	1.100	1.500	1.400
11	0.770	1.980	3.850	1.210	1.650	1.540
12	0.840	2.160	4.200	1.320	1.800	1.680
12.5	0.875	2.250	4.375	1.375	1.875	1.750
13	0.910	2.340	4.550	1.430	1.950	1.820
14	0.980	2.520	4.900	1.540	2.100	1.960
15	1.050	2.70	5.250	1.650	2.250	2.100

四、基本规格人体尺寸表

基本规格人体尺寸见表1-6、表1-7。

表1-6 女子A体型服装号型系列分档数数值 单位：cm

部位	中间体		5.4 系列		5.2 系列		身高、胸围、腰围 每增减1cm	
	计算数	采用数	计算数	采用数	计算数	采用数	计算数	采用数
身高	160	160	5	5	5	5	1	1
颈椎点高	136	136	4.53	4.00	—	—	0.91	0.80
坐姿颈椎点高	62.6	62.5	1.65	2.00	—	—	0.33	0.40
全臂长	50.4	50.5	1.70	1.50	—	—	0.34	0.30
腰围高	98.1	98.0	3.37	3.00	3.37	3.00	0.68	0.60
胸围	84	84	4	4	—	—	1	1
颈围	33.7	33.6	0.78	0.80	—	—	0.20	0.20
总肩宽	39.9	39.4	0.64	1.00	—	—	0.16	0.25
腰围	68.2	68	4	4	2	2	1	1
臀围	90.9	90.0	3.18	3.60	1.60	1.80	0.80	0.90

表1-7 中国女子5.4 A号型系列参考尺寸 单位：cm

部位	号型				
	150/76	155/80	160/84	165/88	170/92
胸围	76	80	84	88	92
腰围	60	64	68	72	76
臀围	82.8	86.4	90	93.6	97.2
颈围	32/35	32.8/36	33.6/37	34.4/38	35.2/39
臂根围	25	27	29	31	33
腕围	15	15.5	16	16.5	17
掌围	19	19.5	20	20.5	21
头围	54	55	56	57	58
肘围	27	28	29	30	31
腋围	36	37	38	39	40

续表

部位	号型				
	150/76	155/80	160/84	165/88	170/92
身高	150	155	160	165	170
颈椎点高	128	132	136	140	144
前长	38	39	40	41	42
背长	36	37	38	39	40
全臂长	47.5	49	50.5	52	53.5
肩至肘	28	28.5	29	29.5	30
中腰长	16.8	17.4	18	18.6	19.2
腰膝长	55.2	57	58.8	60.6	62.4
腰围高	92	95	98	101	104
上裆长（股上长）	25	26	27	28	29
肩宽	37.4	38.4	39.4	40.4	41.4
胸宽	31.6	32.8	34	35.2	36.4
背宽	32.6	33.6	35	36.2	37.4
乳间距	17	17.8	18.6	19.4	20.2
袖窿长	41	41	43	45	47

注：①袖窿长不是人体尺寸，是服装结构尺寸。

②颈围32/35，32指的是净围度，35指的是实际领围尺寸。

第四节　原型衣片凸省的综合运用

一、前衣片胸凸省的应用

1. 胸省全省转移方法

非常合体类上衣与无袖贴身类上衣使用胸凸省全省转移方法。将胸凸省的量全部转移到侧缝线或结构线内备用，或作为立体省形式处理（图1-12）。

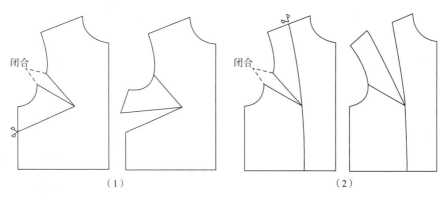

图 1-12 凸省省量转移示意图

2. 胸省3/4省量转移方法

合体类上衣或非常合体类内衣的胸省使用3/4省量转移方法（图1-13）。

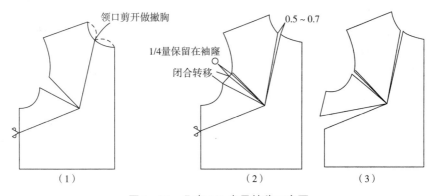

图 1-13 凸省 3/4 省量转移示意图

3. 胸省2/3省量转移方法

一般合体类上衣、合体类风衣和外套的胸省使用2/3省量转移方法：在图1-14（1）将领口剪开，在领口处打开0.5~0.7cm的量；图1-14（2）将余下的胸凸省的分为三等份，取1/3的量保留在袖窿，用于扩展袖窿弧的长度（隐形省的处理），图1-14（3）将2/3的量胸凸省量转移到侧缝线备用或结构线内作立体省处理。

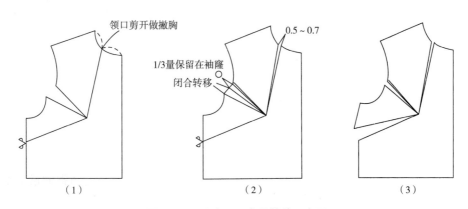

图 1-14 凸省2/3 省量转移示意图

4. 胸省1/2省量转移方法

一般宽松类上衣与一般较合体类风衣、外套的胸省使用1/2省量转移方法（图1-15）。

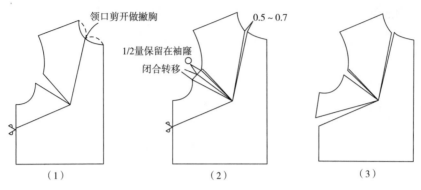

图 1-15　凸省 1/2 省量转移示意图

5. 胸省1/3省量转移方法

一般宽松类风衣、宽松类上衣和宽松外套的胸省使用1/3省量转移方法（图1-16）。

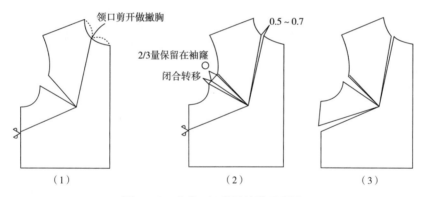

图 1-16　凸省 1/3 省量转移示意图

6. 胸省量保留在袖窿

非常宽松类上衣胸省量是将原型的胸凸省全部保留在袖窿作全省转移，用于扩展袖窿弧的长度或扩展下摆处，作为隐形省处理（图1-17）。

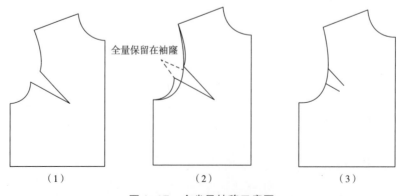

图 1-17　全省量转移示意图

没有省的衣片使用凸省全省省量应用方法。

注意：闭合一部分胸凸省，在领口处打开0.5~0.7cm的量，实际上是一种撇胸的关系，多用于翻驳领的结构设计中，当翻驳领翻折线的位置低于人体的BP点时，应该加大撇胸量，领口处可打开1cm的量。

二、后片肩胛省的应用

1. 肩胛省2/3省量转移方法

后衣片有横向分割线的服装，肩胛省可以部分或全部转入横向分割线之内，如肩胛省2/3省量转移方法（图1-18）。

肩胛省2/3省量转移方法：图1-18（1）所示为原型肩胛省；图1-18（2）所示在省尖点画一水平线，从袖窿弧线处剪开，留出1/3的省量在肩线上，闭合2/3省量；图1-18（3）所示当闭合这部分肩省时，在袖窿弧线上展开，即转移出2/3的肩省量。

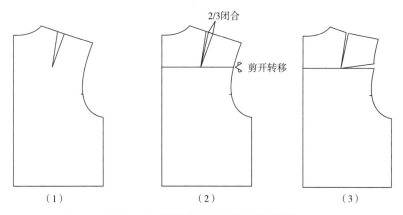

图1-18　肩胛省2/3省量转移示意图

2. 肩胛省全省量的应用方法

后衣片有纵向分割线的服装，肩胛省可以部分或全部转入纵向分割线之内，完成的后衣身只见分割线或装饰线，这是"遇缝转省"原理（图1-19）。

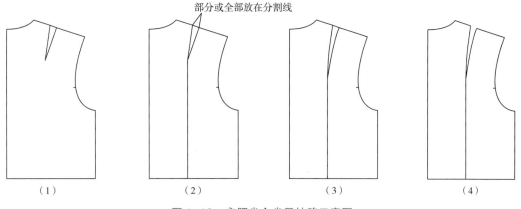

图1-19　肩胛省全省量转移示意图

3.肩胛省部分省量的应用方法

后衣片没有分割线的服装，肩胛省可以有三种处理方法。

将后肩胛省量取1/3用于小肩的缩缝量（0.6~1cm），面料越厚小肩的缩缝量越大，适合一般合体造型的服装（图1-20）。

将后肩胛省分为三等份，1/3的量用于小肩的缩缝量，其余的肩胛省转入袖窿，用于扩展后袖窿的弧长量，适合较宽松及宽松造型的服装（图1-21）。

将后肩胛省部分或全部转入至下摆，拓展衣服下摆的量，形成A型造型效果（图1-22）。

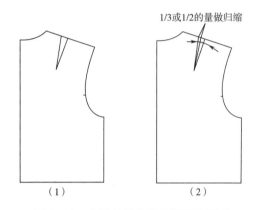

图1-20 肩胛省部分省量转移示意图

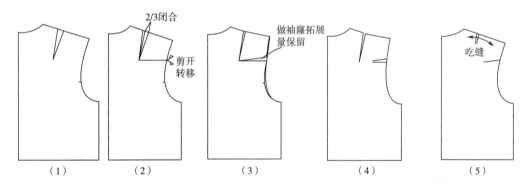

图1-21 肩胛省部分省量转入袖窿示意图

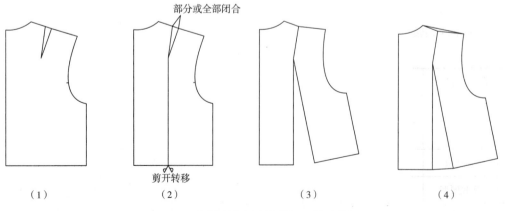

图1-22 肩胛省全部省量转入下摆示意图

第五节　成衣设计加放量设定参考及面料估算

一、成衣设计放松量的技术尺寸参考

成衣设计放松量的技术尺寸参考见表1-8、表1-9。

表1-8　非弹性面料的设计加放量　　　　　　　　　　　　　　单位：cm

项目	无袖		衬衣	上衣	夹克 （宽松夹克另多 加2~4）	风衣和大衣	裤子和裙子
	无袖上衣	无肩带 晚礼服					
非常合体	2~3	-2~0	4~5	6~8	6~8	10~12	0
合体	4~5	—	6~7	9~10	9~10	13~14	1~2
一般合体	6~7	—	8~10	11~12	11~12	14~16	3~4
一般宽松	8~9	—	11~16	14~16	14~16	18~22	5~9
宽松	—	—	17~22	17~24	17~24	24~32	10以上
非常宽松	—	—	—	25~36	25~36	32~40	—

表1-9　弹性面料的设计加放量　　　　　　　　　　　　　　单位：cm

项目	无袖上衣	有袖上衣	裙子和裤子	其他
非常合体	-2~-4	-2~0	-2~-4	弹性很大的面料 需要进行弹性量的 检测后再定加放量
合体	-2~0	0~2	-1~-2	
一般合体	0~2	3~5	0~2	
一般宽松	3~4	6~8	3~4	
宽松	按非弹性面料加放	按非弹性面料加放	按非弹性面料加放	
非常宽松	按非弹性面料加放	按非弹性面料加放	按非弹性面料加放	

注：弹性面料是指含7%~15%的莱卡混纺材料。

二、成衣设计胸腰差的技术尺寸参考

成衣设计胸腰差的技术尺寸参考见表1-10。

表1-10　不同衣服造型的胸腰差量的数值变化　　　　　　　　　单位：cm

按年龄分类外造型		少女型	青年型	中青年型	中年型	中老年型
A		$W>B$ 为8以上才可称为基本A型				
H		$W<B$ 为5~6	$W<B$ 为3~4	$W<B$ 为2~3	$W<B$ 为0~1	$W\geq B$ 为2~4
X	收腰型	20~22	17~19	15~16	13~14	10~12
	半收腰型	16~18	13~15	11~12	9~10	6~8

注：以上尺寸可以根据流行的需要或根据不同的设计感觉做适当的调整。

三、服装面料使用量的估算方法

服装面料使用量的估算方法见表1–11。

表1–11 服装面料使用量的估算方法　　　　　　　单位：cm

服装类型		布宽	估算方法	使用量
长袖连衣裙		90	［（背长+⑦）×2］+（袖长+④）+［领（30）］+［（裙长+⑧）×3］	390
		双幅（145）	（背长+⑦）+（袖长+④）+［（裙长+⑧）×2］	240
		里布（90）	（背长+⑦）+（袖长+④）+［（裙长+⑤）×2］	240
半袖连衣裙		90	［（连衣裙长+⑩）×2］+［（袖长+⑥）×1.5］	260
		双幅（145）	［（连衣裙长+⑩）×2］+（袖长）	130
		里布（90）	仅衣身：（连衣裙长+⑦）×2	220
长袖衬衫		90	［（上衣长+⑦）×2］+（袖长+⑥）	190
		双幅（145）	（上衣长+⑦）+（袖长+⑥）	120
半袖衬衫		90	［（上衣长+⑦）×2］+［领（30）］	160
		双幅（145）	（上衣长+⑦）+（袖长+⑧）+［领（30）］	120
A字裙（略窄裙）		90	（裙长+⑧）×2	140
		双幅（145）	裙长+⑧	70
		里布（90）	（裙长+⑤）×2	140
长裙（每一片的中心为直丝线）		90	（裙长+⑩）×2（裙摆宽180cm时）	150
		双幅（145）	（裙长+⑩）×1.6（裙摆宽180cm时）	120
		里布（90）	（裙长+⑦）×2（裙摆宽180cm时）	140
1. 使用量参考中号（M）尺寸，9cm以下尾数进位 2. 用圈的数字表示缝份或褶份量			3. 连衣裙长99cm，裙长62cm，半袖长20cm 4. 上衣长55cm，短上衣长60cm，外套长105cm，背心长52cm，长裤长93cm	

续表

服装类型	布宽	估算方法	使用量
压褶裙	90	（裙长＋⑧）×3	210
	双幅（145）	（裙长＋⑧）×2	140
	里布（90）	（裙长＋⑤）×2	140
背心裙	90	（背长＋⑦）＋[（裙长＋⑧）×2]	190
	双幅（145）	（背长＋⑦）＋（裙长＋⑧）	120
	里布（90）	（背长＋⑦）＋[（裙长＋⑤）×2]	180
套装	90	[（上衣长＋⑩）×3]＋[（袖长＋⑧）×2]	350
	双幅（145）	[（上衣长＋⑩）×3]＋（袖长＋⑧）＋[领（15）]	250
	里布（90）	[（上衣长＋⑦）×2]＋[（袖长＋⑤）×2]	270
有背心的裤装	90	[（上衣长＋⑩）×2]＋（袖长＋⑦）＋（背心长＋⑧）＋[（裤长＋⑩）×2]	540
	双幅（145）	[（上衣长＋⑩）×2]＋（背心长＋⑧）＋[领（30）]＋（裤长＋⑩）	340
	里布（90）	[（上衣长＋⑦）×2]＋[（背心长＋⑤）×2]＋[（裤长＋⑤）×2]	450
小外套	90	[（上衣长＋⑩）×3]＋（袖长＋⑦）	270
	双幅（145）	[（上衣长＋⑩）×2]＋[领（30）]	170
	里布（90）	（上衣长＋⑦）＋（袖长×2）	180
外套	90 双排扣	[（外套长＋⑩）×3]＋[领（35）]	380
	90 单排扣	[（外套长＋⑩）×2]＋（袖长＋⑦）＋[领（20）]	310
	双幅（145）双排扣	[（外套长＋⑩）×2]＋（袖长＋⑦）	290
	双幅（145）单排扣	[（外套长＋⑩）×2]＋[领（20）]	250
	里布（90）	[（外套长＋⑦）×2]＋（袖长＋④）	280

5.写"长"的，都是表示制成时的长度

6.由于纸型间互插，有时使用量可减少1~2成，所以制好纸型，试在假定的布上互插看看，然后求其量少限度的使用量即较为经济

7.大花样的印花布；有绒毛的布；有单一方向的花样时，要多估计1~3成

第二章
绘制样板工艺技术流程和分析方法

基础理论——

课题名称：绘制样板工艺技术流程和分析方法。

课题内容：绘制样板的工艺技术流程；绘制样板的工艺技术步骤分析方法；实例解析绘制
样板的工艺技术流程。

课题时间：6学时。

教学目的：在进入专业制图学习之前，对服装样板绘制的工艺流程、工艺技术步骤分析方
法等知识有一个全面了解。

教学方式：理论授课、示范教学实训。

教学要求：熟练掌握绘制样板的工艺技术流程和工艺技术步骤分析方法。

课前后准备：课后实例练习服装款式绘制样板的工艺技术流程。

　　为了准确地表现时装效果图的设计效果，满足服装成品效果各部位尺寸，真正实现看图、看样衣制板的能力，必须从实践中完整地了解服装制板知识要点和科学合理的制板流程及准确的制板方法。避免制板过程的偏差以及制板时完全依赖书本提供的制板案例和尺寸等问题，实现设计师要求的成衣效果和感觉。

第一节　绘制样板工艺及技术步骤分析

一、绘制样板的工艺技术流程

　　样板工艺技术流程如图2-1所示。

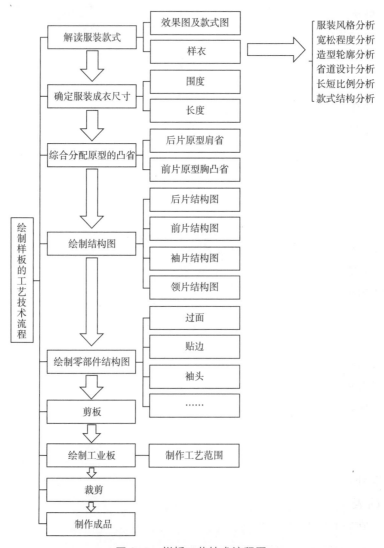

图2-1　样板工艺技术流程图

二、绘制样板工艺技术步骤的分析方法

结构是服装设计的基础，如何将二维平面设计（样板）转化为三维服装技术是关键。服装结构分析涉及技术与设计两方面，结构设计师可以将服装结构从2D到3D进行技术转换，即"二次设计过程"，合理地选择分割线、口袋、衣领和袖子，可以选择如何处理轮廓，以及如何表现服装体积感，创造表现出设计师所想表达的服装效果和感觉的独特服装。

从基础原型到复杂结构的服装，细节的细微变化过程，结构知识是引导服装设计的关键步骤，并提供一个可以拓展变化延伸的知识起点，服装结构设计运用一些技巧给平面结构图赋予生命，从而实现三维立体服装的转换。

正确理解设计效果图是样板结构设计的开始，是样板制作的依据，也是样板设计变得更具有丰富性、创造性和技术性的前提。解读服装款式一般通过两种途径获取信息，一是服装效果图，二是成品样衣。

1. 服装风格分析

读懂设计师想要达到的三维服装效果，必须先了解设计师在创作服装效果图之初的设计灵感来源，通过服装语言想要表达的服装风格或通过样衣试穿分析服装的风格特征，这样就会使板型设计师在后面的结构样板绘制当中准确地运用结构技巧表达设计效果。例如，在线条的运用上，是表达女性曲线衣服的柔和线条，还是中性风格的直线条；是硬挺严谨的直线，还是可爱活泼、优雅的曲线，每一种风格的线性表达都会有对应的技术处理方法和细节。这是因为结构上细节的处理决定服装风格的区别，是进行结构板型设计的关键。

2. 款式结构分析

主要是衣服的宽松程度分析、造型轮廓分析和省道分配比例分析等。

（1）宽松程度分析。宽松程度，即"服装设计量"，也称"放松量"，是服装外形体积量的表现，是结构设计过程中要考虑的基本因素之一。宽松程度是结构设计基础，结构原理上包含功能性放松量和设计放松量。

功能性放松量是在测量身体数据的基础上加放一定的松量，以便人的呼吸活动，满足基本生理需求。由于人体各部位功能需求不同，服装的对应部位给予的放松量也有所不同，如袖子的前、后区别，前胸、后背宽量的区别等。

设计放松量主要是指人体穿着的服装，除了考虑必要的功能性以外，还要考虑外形和体量，又称宽松度。在合体服装的表现上主要考虑基本活动量，再考虑合理的运动量；在宽松服装的表现上主要考虑宽松的体积大小。合体服装空间关系的比较如图2-2所示。

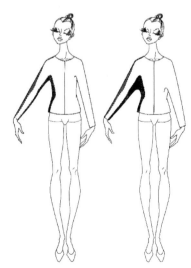

图2-2 宽松度示意图

设计加放量与衣服的合体或宽松度有关。按照衣服的合体与宽松程度，在人体外形上的表现分六个档次：非常合体、合体、一般合体、一般宽松、宽松、非常宽松（图2-3~图2-8）。在设计效果图表达的宽松度，是要准确设计出加放的尺寸松量，以满足设计要求，表达设计效果，当然由于结构设计的经验关系和平面与立体结构转换的差异性，可能不会一次性准确表达加放尺寸，不断地调整松量是一种精益求精的态度，也是一个不断积累经验的过程。

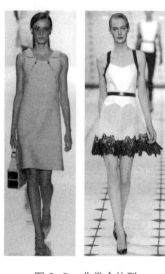

图2-3　非常合体型　　　　　图2-4　合体型　　　　　图2-5　一般合体型

图2-6　一般宽松型　　　　　图2-7　宽松型　　　　　图2-8　非常宽松型

（2）造型轮廓分析。服装给人的第一印象是廓型，即衣服的整体形状，而服装的细节、面料的颜色和肌理，传达给人的印象都会在其后，所以服装的外轮廓造型是服装设计和服装结构设计过程中要考虑的基本因素。廓型是设计师初始设计阶段的基本要素，是表达设计风格的重要手法，是人们感受设计风格的第一印象。廓型确定后才能开始考虑在结构上如何体现设计，如果需要还可选择使用的材料。许多材料和技术都可以用来塑造服装造型轮廓，例如，使用胸衬使胸部挺括；使用垫肩使肩部加宽加高，创造出上大下小的中性化服装；使用裙撑和腰带创造出强调女性性感的S型服装造型。

现有服装经常使用的轮廓基本型分类，可分为"H""A""X""T""O"等（图2-9）。

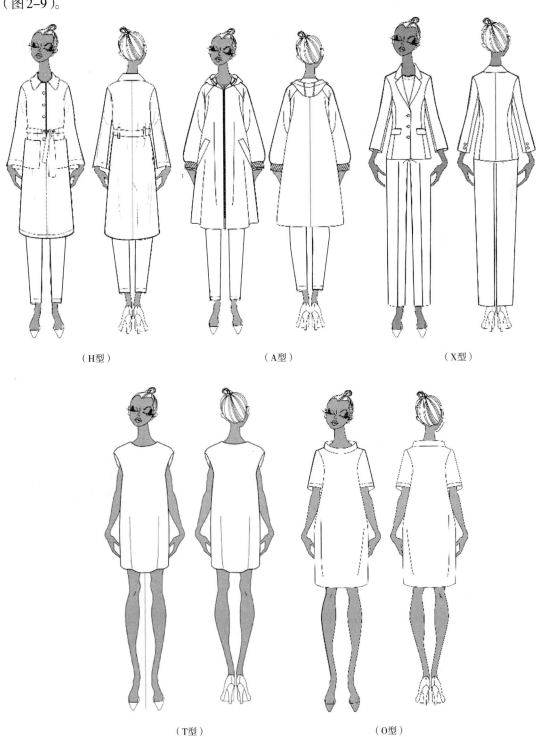

（H型）　　　　　　　　　（A型）　　　　　　　　　（X型）

（T型）　　　　　　　　　（O型）

图2-9　服装廓型

在衣服的廓型表现中，各种轮廓形态是服装各部位表现的围度尺寸与身体对应部位围度尺寸产生的对比差在三维中体现的立体形态，其中最重要、最具有代表性的围度尺寸差是胸围和腰围的尺寸差，称为"胸腰差"。胸围尺寸的确定是根据衣服与人体的明确宽松度确定的，如果腰围尺寸与胸围尺寸相同，服装廓型就会是"H"型的状态，表现出直身、干练、简约的服装风格；如果腰围尺寸小于胸围尺寸，服装轮廓廓型就会出现胸围大、臀围大，而中间腰围小的"X"型状态；如果腰围尺寸大于胸围尺寸，服装廓型就会出现上小下大的"A"型状态，表现出舒适、自然、流动感的优雅美；还有夸张肩部设计的"T"型，表现直线线条和中性化的美感；如果夸张腰臀部而收小摆围尺寸，呈"O"型状态，表现活泼、优雅、时尚的美感。所以准确掌握"胸腰差"尺寸的加放方法是控制造型轮廓的关键。因此，在实践训练中，需要不断地提高对造型的领悟，加强以"胸腰差"尺寸放量为主的各部位围度尺寸的准确性和协调性认识，以确定出在进行结构制板之前的各种围度尺寸表。具体服装造型的胸腰差量，参考第一部分第一章中表1–10。下面以廓型造型为例进行分析。

（正面）　　　　（背面）

图 2–10　合体型 X 型效果图

案例1：X型（合体型），如图2-10所示。

①尺寸分析：按照160/84A规格。

②胸围：根据宽松程度分析加放量（设计量）。

此款短袖衬衣穿着效果表现为合体的效果，参考设计量规格，胸围应该加8~10cm，即 B=84+8=92cm。

③腰围：根据造型轮廓分析胸腰差量。

此款服装的廓型为X型，表现为非常收腰的效果，参考胸腰差规格，胸腰差应该确定为20cm左右，即 W=92-20=72cm。

④臀围：根据款式臀围的要求，按照净臀围90cm，放松量为4~6cm，即 H=94cm。

案例2：H型（宽松型），如图2-11所示。

①尺寸分析：按照160/84A规格。

②胸围：根据宽松程度分析加放量（设计量）。

（正面）　　　　（背面）

图 2–11　宽松型 H 型效果图

此款外套背心穿着效果表现为宽松的效果，参考设计量规格，胸围应该加放20cm，即 B=84+20=104cm。

③腰围：根据造型轮廓分析胸腰差量。

此款服装的廓型为H型，表现为腰和胸尺寸接近相同的效果，参考胸腰差规格，胸腰差应该确定为0~4cm，即 W=104-0=104cm。

④臀围：根据款式臀围的要求，按照净臀围90cm，放松量为14~16cm，即 H=104~106cm。

廓型随时间的变化而变化，不同的历史时期所流行的不同廓型会成为这个时期鲜明的风格特征。欧洲从1515~1960年流行的不同廓型如图2-12所示。

1515年	1535年	1630年	1670年	1750年
1800年	1834年	1899年	1906年	1925年 1960年

图2-12 不同年代欧洲服装廓型变化

（3）省道设计分析。省道是将平面面料覆合在起伏的人体或人台上捋出的余量，使造型合体服帖、立体化的手段。平面的样板有了省道才能实现立体型的转化。由于人体体型凹凸不平的曲线特征，在样板设计中，控制多余间隙量的面料（样板）部分，才能表现服装的"立体感"或"立体型"。通过将多余的空间量缝合，使之完全附合人体的凹凸关系的表现，称为立体省，用来完成空间"立体型"服装设计；也可以将多余的间隙量不缝合，将它转化为某一个和几个部位的平面省，用来完成空间"立体型"服装设计。

省道分为"立体省"和"平面省"两种类型。立体省多用于合体类服装，平面省多用于宽松类服装。一般合体、一般宽松或宽松等服装可采用不同的立体省和平面省分配的比例量，但总省量不变。

省道设计是样板结构设计中最具创造性和灵活性的部分，具有无限可能性。设计中使用省的表现手法多样，省道可以转化为褶、裥、分割线、造型省和群省等，它们在身体的位置非常重要，不仅可以创造体感、造型空间、量感，也可以制造宽松感，还可以变化服装的款式造型。具体掌握省道设计就需要了解省的特征以及综合运用比例分配方法，使之既可以准确表达合体类服装，又能掌握"立体省"复杂性的转移方法。

在上衣衣片的结构设计中，省道主要表现在前片的胸凸省和后片的肩胛省，其次是腰省的参与作用。下面列举几款综合应用的分析方法。

案例1： 合体服装的立体省分配比例如图2-13所示。

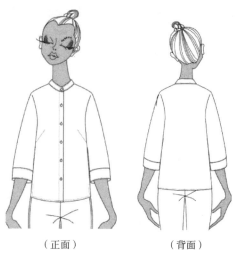

（正面）　　　　（背面）

图2-13　合体服装效果图

省道设计综合运用分析方法：此款服装宽松程度为合体和一般合体的加放量（设计量）着衣效果。

①前片胸凸省的比例分配（图2-14）。

立体省占总省量的3/4或2/3比例（转移到腋下做立体省处理）。

平面省占总省量的1/4或1/3比例（隐藏在前袖窿处）。

②后片肩胛省的比例分配（图2-15）。

立体省占总省量的1/3比例（在小肩处进行归缩处理）。

平面省占总省量的1/3比例（隐藏在后袖窿处）。

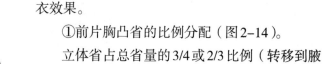

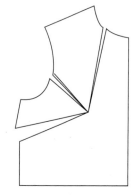

图2-14　前片胸凸省比例分配

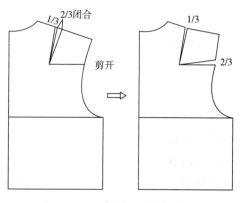

图2-15　后片肩胛省比例分配

总省量剩余的1/3部分可不做处理（如果款式有明显的立体省设计可处理为立体省）。

案例2：宽松服装的平面省分配比例如图2-16所示。

省道设计综合运用分析方法：此款服装宽松程度为宽松类的加放量。

①前片胸凸省的比例分配（图2-17）。

立体省占总省量的2/3比例（隐藏在前袖窿处）。

平面省占总省量的1/3比例（隐藏在前下摆处）。

②后片肩胛省的比例分配（图2-18）。

立体省占总省量的1/3比例（在小肩处进行归缩处理）。

平面省占总省量的2/3比例（隐藏在后袖窿处）。

（正面）　　　（背面）

图2-16　宽松服装效果图

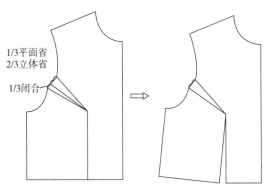

图2-17　前片胸凸省比例分配

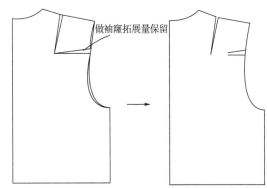

图2-18　后片肩胛省比例分配

（4）比例长短分析。比例长短指整件服装各部位尺寸的相对长短，服装无论繁杂还是简洁，各部位组合整体感觉需平衡，比例长短需协调（图2-19）。

各种结构设计方法可以改变比例关系。例如，上衣和下衣（裙或裤）的长短比例调整，改变腰节线的高低位置、裙摆的大小、裤脚上的大小、口袋的高低和大小、分割线和省道的位置都可以有效改变整体形态的宽度和长度的平衡。面料的肌理质感和服装冷暖颜色的对比也会改变服装结构设计和形状。肩的宽度、领子的高低、服装廓型大小的比例都会影响整体效果。

根据效果图的比例显示服装长短尺寸确定依据应该按照标准普通人体各部位躯干的尺

寸（图2-20），可用160/84A的人体尺寸。运用服装号型规格中的推档推算出各个部位尺寸。例如，160/84A标准普通人体在长度上的尺寸为：后腰节长38cm、上裆长25cm、臀高18cm、下裆长73cm、大腿长32cm、小腿长41cm。

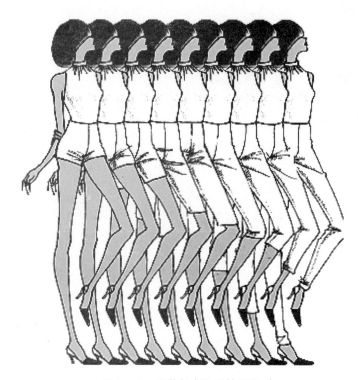

图2-19　服装长度比例效果图

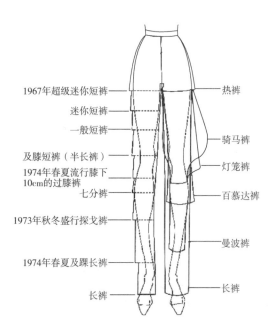

图2-20　服装长度比例效果图分类名称

1967年超级迷你短裤
迷你短裤
一般短裤
及膝短裤（半长裤）
1974年春夏流行膝下10cm的过膝裤
七分裤
1973年秋冬盛行探戈裤
1974年春夏及踝长裤
长裤

热裤
骑马裤
灯笼裤
百慕达裤
曼波裤
长裤

如果一条长裤效果图设计为100cm，其样板板型的裤长为：25（上裆长）+73（下裆长）+2=100cm（裤长）。

如果一件上衣长度效果图设计在臀围线处向下4cm，其样板板型的衣长为：38（后腰节长）+18（腰长）+4=60cm（衣长）。

所以，想要准确判断各效果图比例长度就应先对人体各部位尺寸非常了解，并将上衣和下衣各部位尺寸按比例美的原则做适当再设计调整，以达到完美的长度比例关系。衣服的袖长也是按照效果图的位置，再根据衣服的长短变化遵循比例美原则确定最适合的尺寸。当确定出上衣、裤子、裙子和袖子的长度后，分割线、口袋位、脚口关系就有了相对依据，在设计中就容易合理协调了。

第二节　实例解析绘制样板的工艺技术流程

一、解读服装款式

1. 服装风格分析

服装造型宽松极简，线条流畅明快，A型短上衣，大喇叭袖型，轮廓鲜明大气。制板处理时多用直线或曲度小的流畅线条，下摆A型，袖口的喇叭型程度要夸张到位（图2-21）。

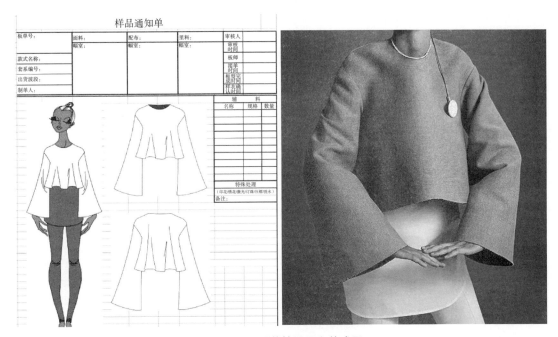

图 2-21　服装效果图和款式图

2. 宽松程度分析

胸围设计放松量为18cm。胸围如果设计太宽松就无法对比突出下摆的A型效果，注意对比差异。

3. 造型轮廓分析

夸张袖口和A型下摆造型是款式特点。

4. 省道设计分析

无立体省的设计，胸凸省全部转为平面省处理，将1/3省量隐藏在袖窿处，2/3省量转到下摆处扩展宽度成为A型造型。

5. 比例长短分析

衣长在腰节处向下5cm左右，袖长长于正常袖长5cm，设定63cm。

6. 款式结构分析

小落肩效果，单边下落6cm；小圆领，大袖口，衣片下摆宽松无结构线。

二、确定服装成衣尺寸

参考人体规格：160/84A，设定成品尺寸。

胸围：84cm（净）+18cm（设计量）=102cm；

腰围：腰围大于胸围，呈A型廓型；

肩宽：38cm（净）+12cm=50cm，设定为小落肩效果；

衣长：43cm；

袖长：63cm。

三、综合分配原型凸省

原型后片肩胛省分配：原型后片肩胛省1/3保留，2/3转入袖窿处。

原型前片胸凸省分配：原型前片胸凸省1/2保留，1/2转入下摆扩展做A型的摆量（图2-22）。

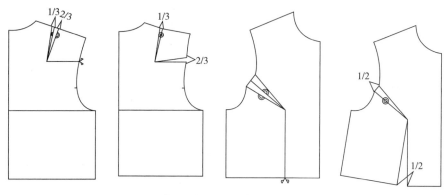

图2-22　原型后片肩胛省和前片胸凸省的比例分配

四、绘制样板结构图

样板结构图如图2-23~图2-25所示。

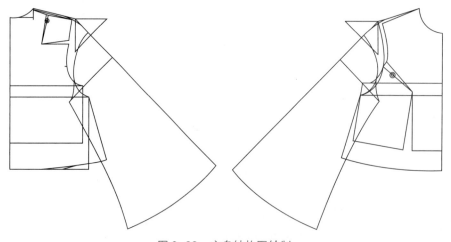

图2-23　衣身结构图绘制

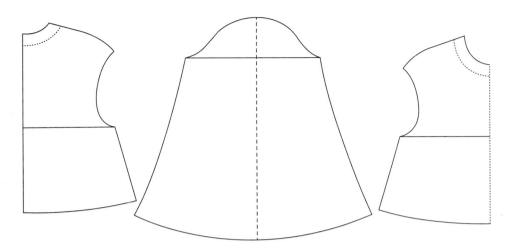

图 2-24 衣片和袖片结构展开图

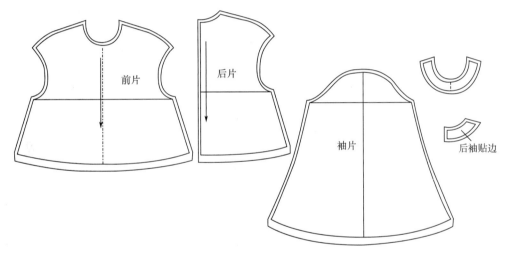

图 2-25 样板板型图（工业板示意图）

第二部分
样板绘制实例应用

第三章
无袖背心类服装

理论与技术实操——

课题名称：无袖背心类服装。

课题内容：无袖背心类服装的概念；无袖上衣贴体型服装造型绘制方法与实训；无袖上衣外搭及宽松型服装造型绘制方法与实训；无袖类相同廓型结构线变化款绘制方法与实训。

课题时间：24学时。

教学目的：了解无袖背心类服装造型方法，掌握无袖上衣贴体型造型；无袖上衣外搭及宽松型造型；无袖类相同廓型结构线变化款绘制方法与技巧。

教学方式：理论授课、示范教学和实训。

教学要求：熟练绘制无袖背心类服装各种造型款式的样板。

课前后准备：课后进行无袖背心类服装各种造型款式样板技术实操。

背心是指无袖的服装，一般穿在衬衫和罩衫外，或穿在套装和上装内，作为中层服装穿着。背心也指夏季贴体穿的无袖背心，又称无袖贴体型上衣。

【实训目的】

了解无袖背心类服装造型原理和绘制方法，掌握应用原型为基础绘制无袖背心合体类、宽松类服装的工业基本型的方法，应用工业基本型绘制各种合体和宽松的无袖背心类服装方法。

【实训要求】

通过对无袖背心类服装造型原理和绘制方法的学习，能够熟练绘制各种无袖背心合体类、宽松类服装和各种廓型结构线变化款服装。

【实训重点与难点】

重点：绘制无袖背心合体类、宽松类服装的工业基本型，应用工业基本型绘制各种合体和宽松的无袖背心类服装。

难点：应用工业基本型绘制各种合体和宽松的无袖背心类服装的技术技巧。

【实训内容】

无袖上衣类服装绘制共计14款，其中无袖上衣贴体型工业基本型1款（图3-1）、无袖上衣贴体型工业基本型廓型变化款4款（图3-2）、无袖上衣外搭型工业基本型1款（图3-3）、无袖上衣外搭型工业基本型廓型变化款4款（图3-4）、相同基础板应用结构线变化款4款（图3-5）。

图3-1　贴体型工业
　　　　基本款

图3-2　贴体型工业基本型廓型变化款

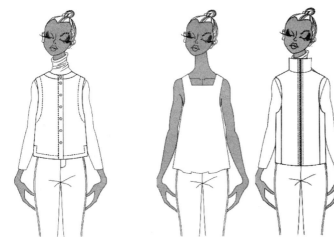

图 3-3　外搭型工业
基本款

图 3-4　外搭型工业基本型廓型变化款

图 3-5　相同基础板应用结构线变化款

第一节　无袖上衣贴体型绘制实训

一、无袖无领上衣（贴体型工业基本款）

1. 款式分析（图3-6）

　　此款无袖上衣为基本款式特征，箱型无袖，基础圆领领型，衣长至臀围线，整体廓型为直筒型。由于是合体类型的造型，胸省几乎完全表现立体形式，作为工业基本型设计为袖窿省，在款式的变化中使用得较为方便和科学。拉链在后中线，方便穿脱也便于功能变化。

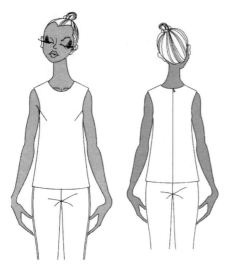

图3-6 无袖无领上衣效果图

2. 绘制规格（表3-1）

表3-1 绘制规格表

成品规格：160/84A（M） 单位：cm

名称	衣长	胸围	腰围	臀围	肩宽
尺寸	56	90	90	94	34

3. 原型省道的处理方法（图3-7）

合体型无袖类立体省的比例为全部或3/4比例。后片原型肩省处理方法：由于款式没有立体省的设计元素，所以在小肩宽处保留1/3的肩胛省做立体方式的归缩处理，剩余2/3的省量可以全部转到袖窿处隐藏做平面省处理，可以在工艺制作中配袖窿贴边时处理归缩量，为了满足合体的特点，也可只使用1/3的省量转移到袖窿处隐藏，忽略另1/3的省量不做处理。前片原型胸省处理方法：将胸省量全部保留在袖窿处做立体省处理。

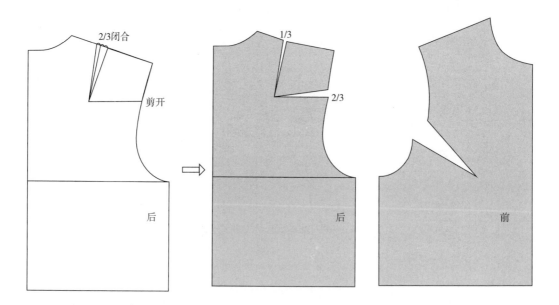

图3-7 原型基本型省道处理方法

4. 绘制要点（图3-8）

衣片肩宽：以原型的肩宽38cm为基础，单边小肩宽减少2cm，肩宽共减少4cm，成品肩宽为34cm。

衣片袖窿深：以原型的袖窿深上移1cm，避免合体无袖服装袖窿底过低，暴露过多。

衣片胸围：按后片胸围减0.5cm，前片胸围加0.5cm的方法，这是符合人体实际体型特征的计算方法，臀围和腰围与胸围的计算方式基本一致。

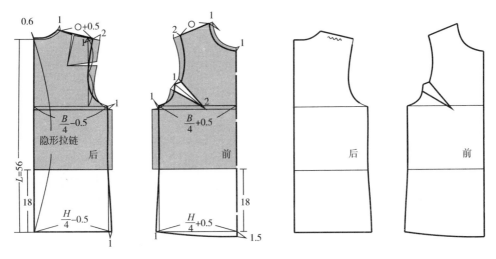

图 3-8　无袖无领上衣板型绘制

二、无袖有领上衣（A 型变化款）

1. 款式分析（图 3-9）

此款无袖衬衣保持基本款式特征，箱型无袖，基本衬衣领型，衣长至臀围线附近，整体廓型为 A 型。由于是合体 A 造型，大部分胸省几乎完全表现在下摆摆量，前片下摆造型为弧形摆，后片下摆造型为直摆。

2. 绘制规格（表 3-2）

表 3-2　绘制规格表

成品规格：160/84A（M）　　　单位：cm

名称	衣长	胸围	腰围	臀围	肩宽
尺寸	64	90	90	94	34

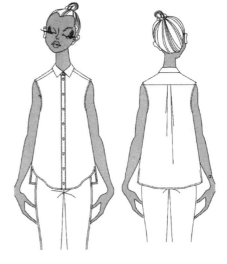

图 3-9　无袖有领 A 型上衣效果图

3. 原型（工业基本型）省道处理（图 3-10）

此款以无袖上衣贴体型工业基本型为母板。后片基本型：保持基本型不变；前片基本型：将立体表现的胸省转移到衣片下摆，拓展衣摆的长度，衣片成为 A 型造型。

4. 绘制要点（图 3-11）

衣片：在后中线从后腰节线向下取 26cm，加上 M 号原型腰节定长 38cm，确定衣长。前片衣摆的量可根据衣服造型 A 摆量进行增加或减少（此款减少 3.5cm）。

肩宽：尺寸与基本型尺寸相同。

袖窿深：由于是合体类型服装可与基本型一致（也可根据休闲的程度向下 0.5~1cm）。

胸围：尺寸与基本型尺寸相同，下摆侧缝后长前短相差 10cm。

领子：此款是基本型企领（立翻领）。

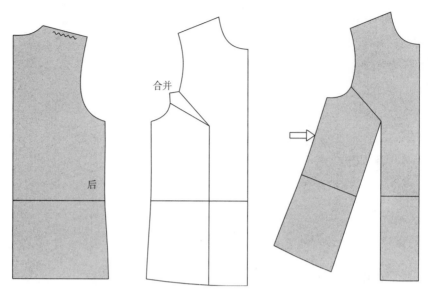

图 3-10　原型基本型省道处理方法

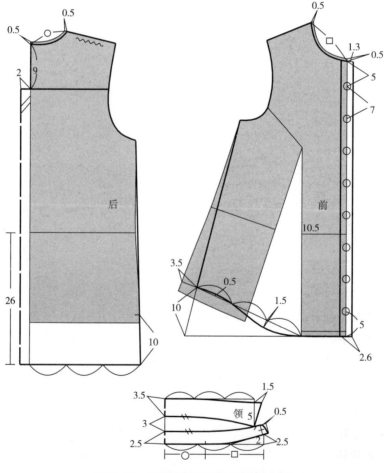

图 3-11　无袖有领 A 型上衣板型绘制

三、无袖V领上衣（X型变化款）

1.款式分析（图3-12）

此款无袖上衣，袖型为无袖类盖袖，V型领线，衣长至臀围线附近，整体廓型为X型。由于是合体类型的X造型，大部分胸省几乎完全表现为立体腋下省，前片和后片腰省为枣弧形省。

2.绘制规格（表3-3）

表3-3　绘制规格表

成品规格：160/84A（M）　　单位：cm

名称	衣长	胸围	腰围	臀围	肩宽
尺寸	52	90	70	94	46

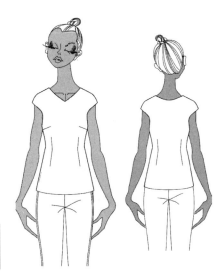

图3-12　无袖V领上衣效果图

3.原型省道处理（图3-13）

此款以无袖上衣贴体型工业基本型为母板。后片原型：保持基本型不变；前片基本型：将立体表现的胸省转移到衣片侧缝线处，从腋下点向下取5~7cm位置为最佳。

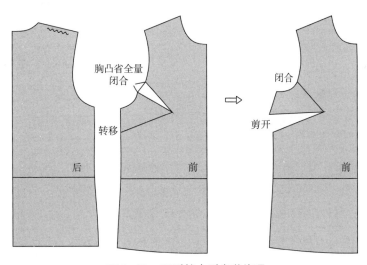

图3-13　原型基本型省道处理

4.绘制要点（图3-14）

衣片：在后中线上从后腰节线向下取14cm，加上M号原型腰节定长38cm，确定衣长。

袖窿深：由于是合体类型服装可与基本型一致（也可根据休闲的程度向下0.5~1cm）。

胸围：尺寸与基本型尺寸相同。腰围、腰省的具体尺寸分配按胸腰差20cm的量。后片收省总量为11cm（单边为5.5cm，分别是后腰省4cm、后侧腰省1.5cm），前片腰省总量为9cm（单边为4.5cm，分别是前腰省3cm、前侧腰省1.5cm）。

袖片：此款袖属于无袖类的盖袖（半袖），肩宽向外增加1.5cm补足基本型的肩宽量，这是一种窄包肩的效果。

领子：此款为无领V型领口，需要考虑领口弧线长大于头围。

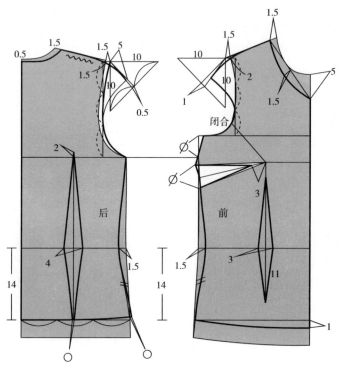

图 3-14　无袖V领上衣板型绘制

四、无袖背心上衣变化款

1. 款式分析（图3-15）

此款无袖上衣是偏休闲风格款式，箱型无袖，无领圆形领线贴边，衣长至臀围线下约10cm，整体廓型为H型。一部分胸省可以作为下摆摆量，另一部分为平面省隐藏在袖窿处，使下摆略为小A型造型，符合H廓型的视觉造型。前片分内外两片的层次，衣片侧片长、前中短。

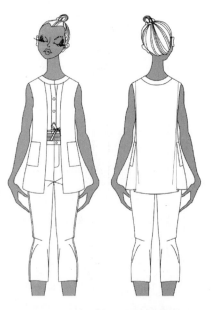

2. 绘制规格（表3-4）

表3-4　绘制规格表

成品规格：160/84A（M）　单位：cm

名称	衣长	胸围	腰围	臀围	肩宽
尺寸	75	92	96	100	34

3. 原型省道处理（图3-16）

此款以无袖上衣贴体型工业基本型为母板。后片基本型：保持不变；前片基本型：将立体表现的胸省将1/2转移到衣片下摆，拓展衣摆的长度。

图 3-15　无袖背心上衣效果图

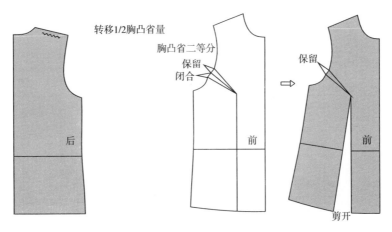

转移1/2胸凸省量

胸凸省二等分

保留

闭合

保留

剪开

后　前　前

图3-16 原型基本型省道处理

4. 绘制要点（图3-17）

衣片：后衣片从后颈点向下取75cm为衣长，这样确定衣长是较普遍的方法。后片制作完成后从肩端点向下垂直画一条直线，将直线平行展开顺褛量5cm，侧缝下开衩13cm。

袖窿深：在基本型的腋下点处向下1cm。

胸围：按实际胸围计算，后片胸围/4-0.5cm，前片胸围/4+0.5cm。下摆略向外放摆3.5cm。

（注：直身H型服装衣长超过臀围线，廓型表现为略小A型摆更为合适）

前片内层短衣片有门襟并有门筒分割，外层长衣片没有门襟。

领子：此款为垂直型立领，前领口上提0.5cm。腰带宽3.5cm、长160cm。

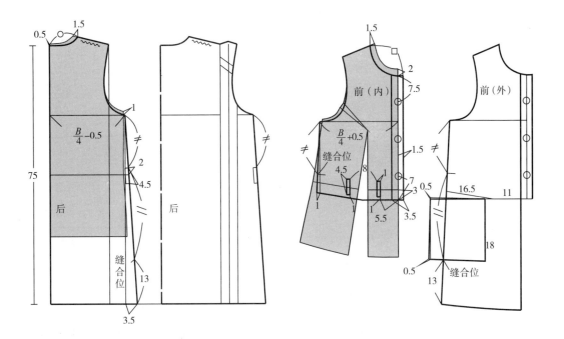

图3-17

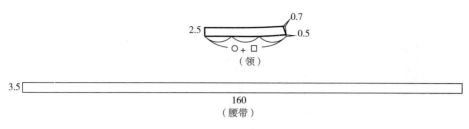

图 3-17　无袖背心上衣板型绘制

五、吊带上衣贴体型（O型款）

1. 款式分析（图3-18）

此款无袖上衣是吊带式休闲风格款式，0.5cm 宽吊带袖型，略 V 型领口，衣长至臀围线上下，整体廓型为 O 型。由于是合体类型，全部胸省为立体省转移到侧缝，下摆略收为 O 型廓型的视觉造型。

图 3-18　吊带上衣效果图

2. 绘制规格（表3-5）

表3-5　绘制规格表

成品规格：160/84A（M）　　单位：cm

名称	衣长	胸围	腰围	肩带宽
尺寸	58	88	102	0.5

3. 原型（工业基本型）省道处理（图3-19）

此款以无袖上衣贴体型工业基本型为母板。后片基本型：保持不变；前片基本型：将立体表现的胸省转移到衣片侧缝线处，从腋下点向下取 5~7cm 位置为最佳。

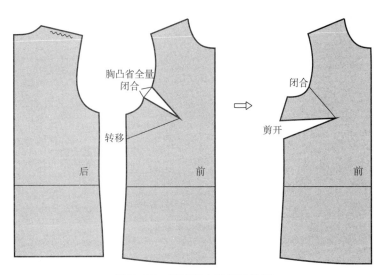

图 3-19　原型基本型省道处理

4. 绘制要点（图 3-20）

衣片：在后中线上从后腰节线向下取20cm，加后背长38cm，确定衣长为58cm。

袖窿深：由于是合体类型服装可与基本型一致，也可根据休闲的程度向下0.5~1cm。

胸围：按实际胸围计算，后片胸围/4-0.5cm，前片胸围/4+0.5cm。

腰围：按基本型的侧腰节点增加2cm，下摆略大于腰围0.5cm，保持O型的造型效果。

袖片：此款是无袖类的吊肩带款，肩带宽0.5cm。

领子：此款为无领大V型领口。

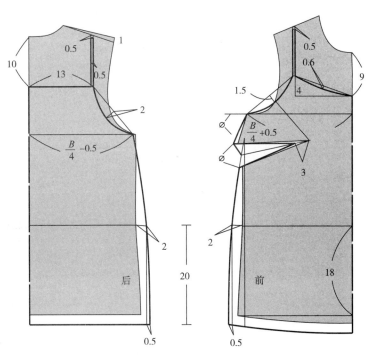

图 3-20　吊带背心上衣板型绘制

第二节　无袖上衣宽松型绘制实训

一、无袖宽松上衣（工业基本款）

1. 款式分析（图3-21）

此款无袖宽松外搭上衣为基本款式特征，基本圆领领型，衣长至臀围线，整体廓型为直筒型。由于是偏宽松外穿类型的造型，胸省大部分表现为平面省形式，剩余的胸省转入下摆，胸围的设计量可按有袖服装设计量加放。

2. 绘制规格（表3-6）

表3-6　绘制规格表

成品规格：160/84A（M）　单位：cm

名称	衣长	胸围	腰围	臀围	肩宽
尺寸	56	102	102	102	35

3. 原型省道处理（图3-22）

图3-21　无袖宽松上衣效果图

后片原型：由于款式为宽松类型，所以在小肩宽处做1/3的肩胛省的立体方式归缩处理，剩余2/3的省量可以全部转到袖窿处隐藏做平面省处理。

前片原型：将胸省量分为二等份，1/2胸省量保留袖窿处做平面省隐藏，剩余1/2胸省量转移到下摆也做平面省处理。

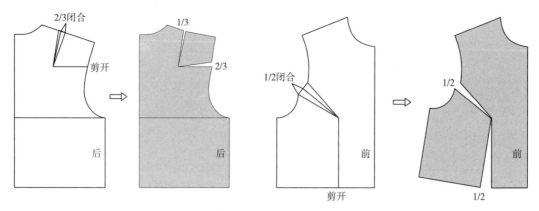

图3-22　原型基本型省道处理

4. 绘制要点（图3-23）

衣片：后衣片从后颈点向下取75cm为衣长。

袖窿深：按基本型腋下点向下2cm。

胸围：尺寸按实际尺寸计算，后片胸围/4=25.5cm、前片胸围/4=25.5cm。

袖片：此款为无袖类。

领子：此款为无领圆形领口，后片领口配贴边扣压2.5m明线，前领口为2.5cm的分割线。

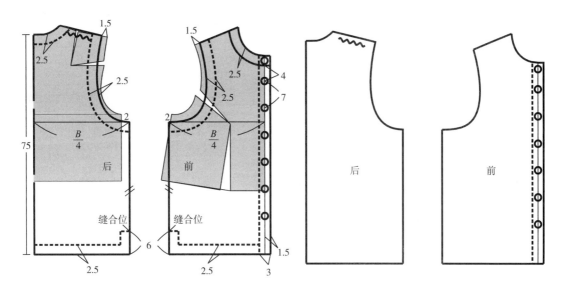

图3-23　无袖宽松上衣板型绘制

二、无袖上衣（A型款）

1. 款式分析（图3-24）

此款为背心类略宽松无袖上衣。窄肩袖，衣长至臀围线下，廓型为小A型。按工业基本型为基础打板绘图，前领口为无领方领口，开口大小需考虑方便穿脱，胸围设计量适中，增加适量的下摆。

2. 绘制规格（表3-7）

表3-7　绘制规格表

成品规格：160/84A（M）　　　单位：cm

名称	衣长	胸围	肩宽
尺寸	57	96	32

3. 原型（工业基本型）省道处理（图3-25）

此款以无袖宽松上衣基本型为母板，后片、前片均保持基本型不变。

4. 绘制要点（图3-26）

衣片：后衣片从后颈点向下取57cm为衣长。

图3-24　无袖A型上衣效果图

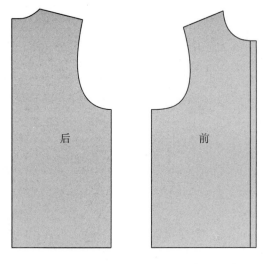

图3-25　原型基本型省道处理

肩宽：小于基本型肩宽为32cm（基本型肩宽为35cm），在基本型的肩点向内单边减少1.5cm，前片肩宽与后片小肩宽的大小相等。

袖窿深：由于是宽松型服装中胸围偏合体款式，可按基本型腋下点向上1cm。

胸围：尺寸按实际尺寸计算，后片胸围/4、前片胸围/4。

领子：此款为无领方形领口，前领口以基本型为基础向下5cm，前、后横领分别向外3cm，前领口处横向分割设计肩带。

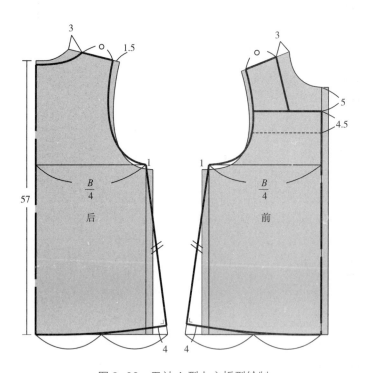

图3-26　无袖A型上衣板型绘制

三、外搭型无袖高领拉链上衣

1. 款式分析（图3-27）

此款为外搭无袖高领上衣（又称马甲背心），休闲运动款式特征，衣长至臀围线，整体廓型为直筒型。由于是偏宽松外穿类型的造型，可按工业基本型为基础打板绘图，前门襟设计为拉链至领，前、后片有竖向分割线，侧片可设计为拼色，拉链配以同类色系相互呼应，胸围的设计量适中。

2. 绘制规格（表3-8）

表3-8 绘制规格表

成品规格：160/84A（M） 单位：cm

名称	衣长	胸围	腰围	臀围	肩宽
尺寸	55	98	98	98	37

3. 原型省道处理（图3-28）

此款以无袖上衣宽松基本型为母板。后片、前片均保持基本型不变。

4. 绘制要点（图3-29）

衣片：后衣片从后颈点向下取55cm为衣长。

肩宽：大于基本型肩宽为37cm，后片肩宽在基本型的肩端点向外单边增加1cm，前片肩宽与后片小肩宽的大小相等。

袖窿深：由于是宽松型服装中胸围偏合体款式，可按基本型腋下点向上1cm。

胸围：尺寸按实际尺寸计算，后片胸围/4、前片胸围/4。

门襟：开尾拉链形式。

领子：无领圆形领口，前领口以基本型为基础向下4cm，前、后横领分别向外2cm。

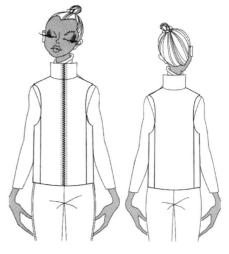

图 3-27 外搭型无袖高领拉链上衣效果图

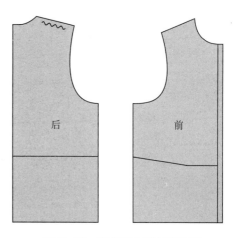

图 3-28 原型基本型省道处理

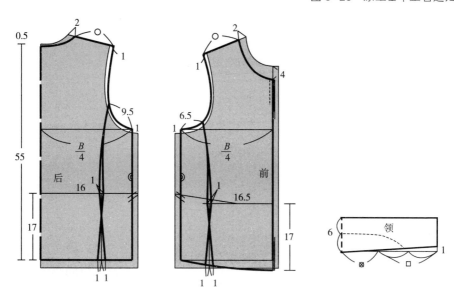

图 3-29 外搭型无袖高领拉链上衣板型绘制

四、外搭型无袖上衣（X型款）

1. 款式分析（图3-30）

此款为收腰略宽松型外搭无袖上衣，表现女性身体曲线特征，衣长至臀围线以下，整体廓型为X型，胸、腰差设计为20cm，设计量适中，按工业基本型为基础打板绘图。前领口设计为滴水洞型开口，连体立翻领，下摆为小弧形摆。

2. 绘制规格（表3-9）

表3-9　绘制规格表

成品规格：160/84A（M）　单位：cm

名称	衣长	胸围	腰围	臀围	肩宽
尺寸	68	96	76	102	35

图3-30　外搭型无袖X型上衣效果图

3. 原型省道处理（图3-31）

此款以无袖上衣原型为母板，后片、前片均保持基本型不变。

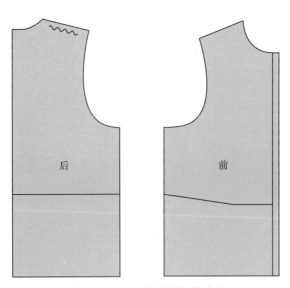

图3-31　原型基本型省道处理

4. 绘制要点（图3-32）

衣片：后衣片从后颈点向下取68cm为衣长，前片领口设计滴水洞开口款式。

袖窿深：由于是宽松型服装中胸围偏合体款式，可按基本型腋下点向上1.5cm。

胸围：尺寸按实际尺寸计算，后片胸围/4、前片胸围/4。

腰围：腰省的具体尺寸分配按胸、腰差20cm的量，后片收省总量为11cm（单边为5.5cm，分别是后腰省4cm、后侧腰省1.5cm），前片腰省总量为9cm（单边为4.5cm，分别是前腰省3cm、前侧腰省1.5cm）。

领子：此款为立翻领。

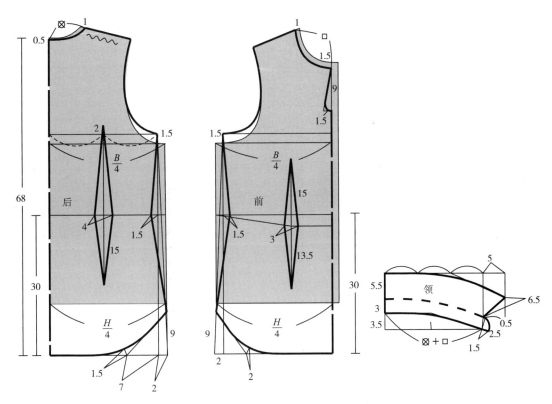

图 3-32 外搭型无袖 X 型上衣板型绘制

五、外搭型盖袖无领上衣（T型款）

1. 款式分析（图3-33）

此款为宽松外搭型盖袖无领上衣，设计风格休闲舒适，夸张的肩部造型使服装呈现出上大下小的视觉效果，廓型为T型，衣长至膝盖线附近，可按工业基本型为基础打板绘图。加宽肩部尺寸，前领口设计为圆形领线，领口方便穿脱，前、后衣片有两条横向分割线设计，胸围的设计量可加大。

2. 绘制规格（表3-10）

表3-10 绘制规格表

成品规格：160/84A（M） 单位：cm

名称	衣长	胸围	腰围	臀围	肩宽
尺寸	86	102	90	104	48

3. 原型（工业基本型）省道处理（图3-34）

此款以无袖上衣宽松基本型为母板，后片、前片均保持基本型不变。

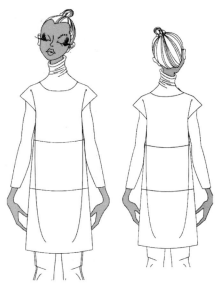

图 3-33 外搭型盖袖无领上衣效果图

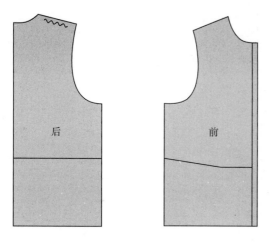

图 3-34 原型基本型省道处理

4.绘制要点（图3-35）

衣片：后衣片在后中线从后腰节线向下取48cm，加上原型腰节长38cm，确定衣长为86cm。

肩宽：大于基本型为48cm（基本型肩宽为35cm），后片肩宽先在基本型的肩端点向外单边增加1.5cm，还原M号肩宽38cm的基本尺寸，然后单边增加5cm，完成成品肩宽为48cm；前片肩宽与后片小肩宽的大小相等。为了使肩线前移，前、后小肩互借，后片小肩宽向上平行增加1cm，前片小肩宽向下平行减少1cm。

袖窿深：按基本型腋下点向下10cm。

领子：此款为无领圆形领口，前领口以基本型为基础向下7cm。

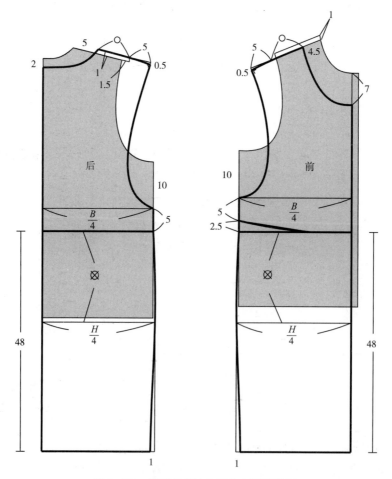

图 3-35 外搭型盖袖无领上衣板型绘制

第三节　基础板相同结构线变化造型绘制实训

应用相同工业基础板变化不同的廓型和内部结构线是板型实训中举一反三的必要技术知识。

一、以造型省形式变化的款式

1. 款式分析（图3-36）

此款为造型省变化款，外搭型无袖上衣。造型省为腋下省，也可设计为袖窿省、领省等部位。廓型为A型，按合体无袖工业基本型为基础打板绘图，再配合不同的领子、肩部造型和衣片口袋等细节设计，就能绘制出各种不同的服装款式。

2. 绘制规格（表3-11）

图3-36　无袖造型省上衣效果图

表3-11　绘制规格表

成品规格：160/84A（M）　　单位：cm

名称	衣长	胸围
尺寸	80	94

3. 原型（工业基本型）省道处理（图3-37）

此款以无袖上衣贴体型为母板，后片保持基本型不变，前片将立体表现的胸省转移到衣片侧缝线处，从腋下点向下取5~7cm位置为最佳。

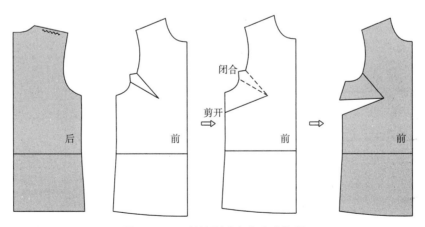

图3-37　无袖造型省上衣省道处理

4. 绘制要点（图3-38）

衣片：后衣片在后中线从腰节线向下取42cm，加上M号原型腰节定长为38cm，确定衣长为80cm。

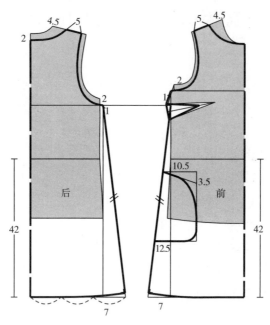

图3-38　无袖造型省上衣板型绘制

袖窿深：由于是合体类型服装中胸围偏休闲款式，可按基本型腋下点向下2cm。

胸围：成品尺寸为98cm，按基本型胸围94cm尺寸计算，后片增加1cm、前片增加1cm。

领子：此款为无领圆形领口。

二、以分割线形式变化的款式

1. 款式分析（图3-39）

此款为分割线变化款，小圆领线，盖袖上衣。竖向分割线是立体省的一种表现形式，也可设计为横向分割线或不对称分割线，廓型为H型，按合体无袖基本型为基础打板绘图，分割线处夹波浪花边装饰效果。

2. 绘制规格（表3-12）

表3-12　绘制规格表

成品规格：160/84A（M）　　单位：cm

名称	衣长	胸围	腰围	臀围	肩宽
尺寸	53	90	92	96	42

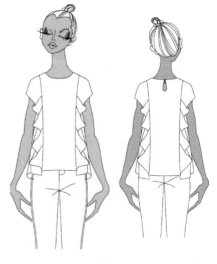

图3-39　分割线圆领上衣效果图

3. 原型（工业基本型）省道处理（图3-40）

此款以无袖上衣贴体型为母板，后片基本型：保持基本型不变；前片基本型：将立体表现的胸省转移到小肩处，方便将胸省转移到前片的公主线。

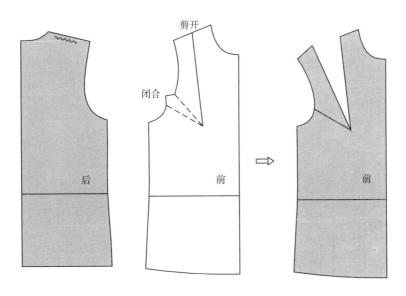

图 3-40　分割线圆领上衣省道处理

4.绘制要点（图3-41）

衣片：后衣片在后中线从后腰节线向下取15cm，加腰节定长38cm，确定衣长为53cm。

肩宽：大于基本型肩宽为42cm（基本型肩宽为35），后片肩宽在基本型的肩端点向外增加2cm，还原M号肩宽38cm的基本尺寸，然后增加2cm，完成成品肩宽42cm，按此方法制作前片肩宽。将后肩小肩处0.6cm归缩量在公主线的肩部作为立体省。

领子：此款为无领圆形领口，后领口有滴水洞造型线。

零部件：前、后片分割线（公主线）夹花边的量分别增加20cm收褶量。

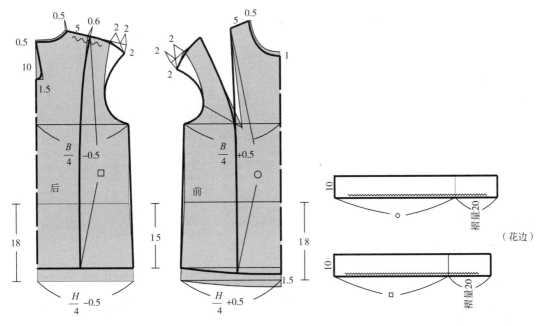

图 3-41　分割线圆领上衣板型绘制

三、以褶裥省形式变化的款式

1. 款式分析（图3-42）

此款为褶裥省变化款无袖上衣。褶裥省是立体省的一种表现形式，廓型为A型，小立领、小盖肩袖型，前开T恤式门襟，后片横向分割线并设计装饰性不规则褶省，前短后长的衣长设计效果，按合体无袖基本型为基础打板绘图。

2. 绘制规格（表3-13）

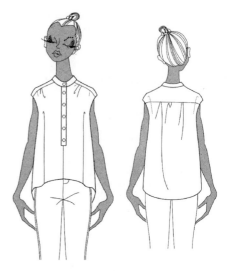

图3-42　盖肩袖立领上衣效果图

表3-13　绘制规格表

成品规格：160/84A（M）　单位：cm

名称	衣长	胸围	腰围	臀围	肩宽
尺寸	56/76	98	90	94	40

3. 原型（工业基本型）省道处理（图3-43）

此款以无袖上衣贴体型为母板，后片基本型不变，前片先沿距小肩线3cm作平行线为前育克，再将立体表现的胸省转移到育克线处。

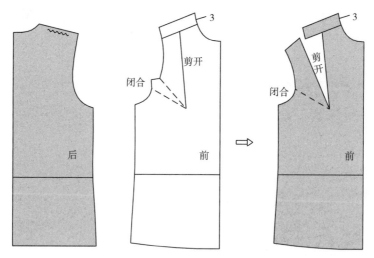

图3-43　盖肩袖立领上衣省道处理

4. 绘制要点（图3-44）

衣片：后衣片在后中线从后腰节线向下取38cm，加上M号原型腰节定长为38cm，确定后衣长为76cm，后片中线从后颈点向下取7cm为后育克，加3.5cm在后育克线处的收褶量。前衣片将转移到前育克线的立体胸省收褶处理。

肩宽：大于基本型肩宽为40cm（基本型肩宽为35cm），后片肩宽在基本型的肩点向外单边增加3cm，完成成品肩宽40cm，前片肩宽与后片小肩宽的大小相等。

袖窿深：按基本型腋下点向下2.5cm。

胸围：前、后衣片为胸围/4。

领子：此款为内倾型立领，领高2.5cm，前领口向上起翘2.5cm。

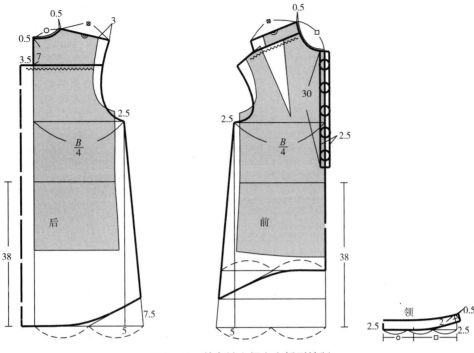

图3-44　盖肩袖立领上衣板型绘制

四、以综合省形式变化的款式

1. 款式分析（图3-45）

此款为综合省变化款无袖上衣，应用分割线和褶裥省两种立体省的表现形式，圆领线，廓型为X型，按合体无袖工业基本型为基础打板绘图。

2. 绘制规格（表3-14）

表3-14　绘制规格表

成品规格：160/84A（M）　　单位：cm

名称	衣长	胸围	腰围	臀围	肩宽
尺寸	65	92	80	94	32

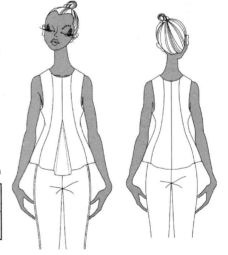

图3-45　无袖分割线褶裥省上衣效果图

3. 原型（工业基本型）省道处理（图3-46）

此款以无袖上衣贴体型为母板。后片基本型：保持基本型不变，前片基本型：将立体表现的胸省转移到领口处，做分割线处理。

4. 绘制要点（图3-47）

衣片：后衣片从后颈点向下取65cm为衣长。

袖窿深：由于是合体型服装中胸围偏休闲款式，可按基本型腋下点向下1.5cm。

胸围：成品尺寸为92cm，按基本型胸围90cm尺寸计算，只需将前片增加2cm即可。

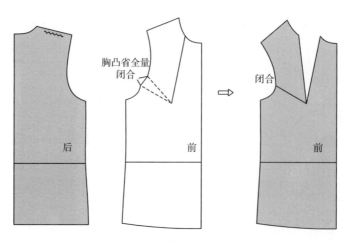

图 3-46　无袖分割线褶裥省上衣省道处理

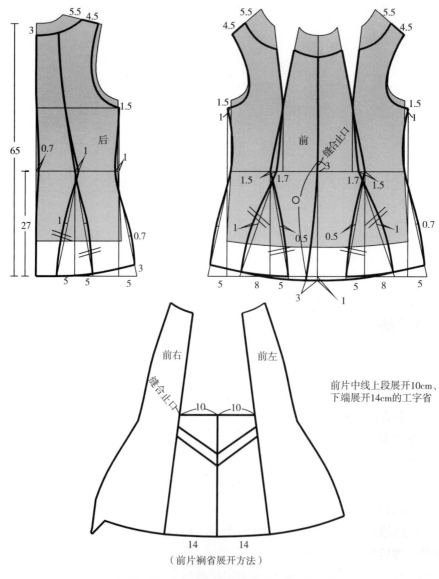

（前片裥省展开方法）

图 3-47　无袖分割线褶裥省上衣板型绘制

第四章
衬衣类服装

理论与技术实操——

课题名称：衬衣类服装。

课题内容：衬衣类服装概念；衬衣合体型服装造型绘制方法与实训；衬衣宽松型服装造型
　　　　　绘制方法与实训；衬衣类服装相同廓型结构线变化款绘制方法与实训。

课题时间：16学时。

教学目的：了解衬衣类服装造型方法，掌握衬衣合体型造型；衬衣宽松型造型；衬衣类相
　　　　　同廓型结构线变化款绘制方法与技巧。

教学方式：理论授课、示范教学和实训。

教学要求：熟练绘制衬衣类服装各种造型款式样板。

课前后准备：课后衬衣类服装各种造型款式样板技术实操。

女衬衫是宽松的工作装，按照穿着方式可分为罩在上装外面穿的外套型衬衣、塞在下装里面穿的衬衣和穿在外衣里面的衬衫。衬衫根据形态、领型、袖型、口袋、面料等不同有着多种分类。本章分为合体型衬衣、宽松型衬衣和相同廓型结构线变化的衬衣三大类别17个款式进行结构板型绘制操作实训。

【实训目的】

了解衬衣类服装造型原理和绘制方法，掌握应用原型为基础绘制衬衣合体类、宽松类服装的工业基本型的方法，应用工业基本型绘制各种合体和宽松的衬衣类服装。

【实训要求】

通过对衬衣类服装造型原理和绘制方法的学习，能够熟练绘制各种衬衣合体类、宽松类服装和各种廓型结构线变化款服装。

【实训重点与难点】

重点：绘制衬衣合体类、宽松类服装的工业基本型，应用工业基本型绘制各种合体和宽松的衬衣类服装款式。

难点：应用工业基本型绘制各种合体和宽松的衬衣类服装的技术技巧。

【实训内容】

衬衣类服装绘制共计17款，其中衬衣类服装合体型工业基本型1款（图4-1）；衬衣类服装合体型工业基本型廓型变化款3款（图4-2）；衬衣类服装宽松型工业基本型2款（图4-3）；衬衣类服装一般宽松型工业基本型廓型变化款3款（图4-4）；宽松型工业基本型廓型变化款4款（图4-5）；衬衣类服装宽松型相同廓型结构线变化款4款（图4-6）。

图4-1　合体型工业基本款

图4-2　合体型廓型变化款

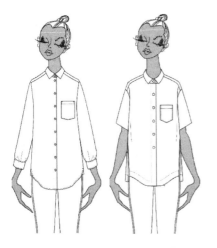

图 4-3　宽松型工业基本款

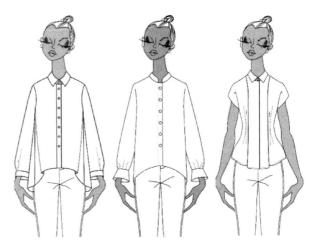

图 4-4　一般宽松型廓型变化款

图 4-5　宽松型廓型变化款

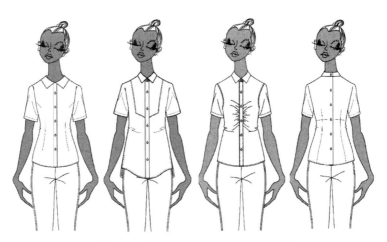

图 4-6　宽松型相同廓型结构线变化款

第一节 衬衣合体型绘制实训

一、衬衣合体型（工业基本款）

1. 款式分析（图4-7）

此款合体型衬衣为基本款式，典型仿男式衬衣基本袖型，立翻领型，企领是衬衣的主要特征，衣长至臀围线下，廓型为直筒型。由于是合体类型的造型，胸省的3/4或2/3量在表现立体形式，作为基本型在袖窿处款式变化时使用，胸省的1/4或1/3量表现平面形式隐藏在袖窿处。

2. 绘制规格（表4-1）

表4-1 绘制规格表

成品规格：160/84A（M） 单位：cm

名称	衣长	胸围	腰围	臀围	袖长	袖口	肩宽
尺寸	62	94	94	96	57	22	38

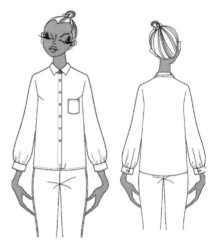

图4-7 合体型衬衣效果图

3. 原型省道处理（图4-8）

后片原型：在小肩宽处保留1/3的肩胛省做立体省归缩处理，剩余2/3的省量全部转到袖窿处隐藏做平面省处理。

前片原型：将胸省量分为三等份，1/3胸省量保留在袖窿处做平面省隐藏，剩余2/3胸省量留在袖窿处做立体袖窿省处理。

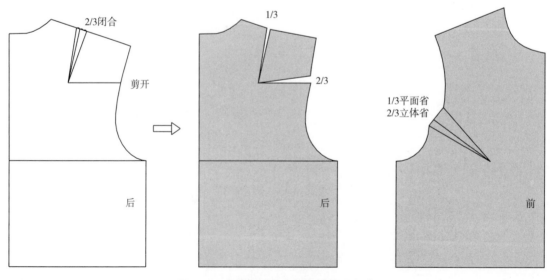

图4-8 合体型衬衣原型省道处理方法

4.绘制要点（图4-9）

后衣片：从后颈点向下取62cm为衣长。

袖窿深：在基本型的腋下点处向下0.5cm。

胸围：按实际胸围计算，后片胸围/4-0.5cm、前片胸围/4+0.5cm。

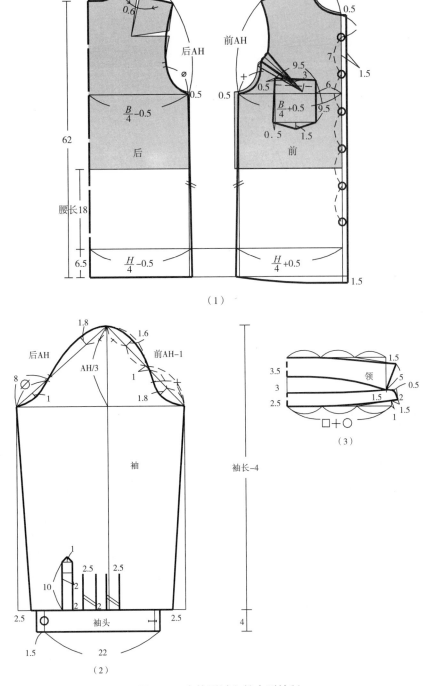

图4-9 合体型衬衣基本型绘制

腰围：尺寸与胸围一致。

臀围：以实际尺寸按胸围方法计算。

袖片：袖山高采用适合合体袖型的公式计算为：AH/3。袖长为57cm-4cm（袖头宽），薄面料衬衣袖吃缝量为1.5cm，所以袖斜线的长度确定方法为：前袖等于前AH-1cm、后袖等于后AH。袖头宽4cm。袖口开衩为宝剑头形式宽度2cm。

领片：此款为普通立翻领（企领），领座高为2.5cm，后翻领宽为3.5cm，后翻领抬高量为3cm。

如图4-10所示为合体型衬衣板型绘制。

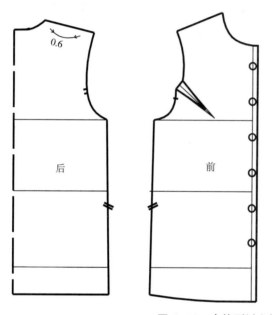
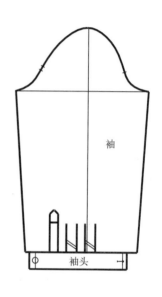

图4-10　合体型衬衣板型绘制

二、衬衣合体型廓型变化款（H型款）

1. 款式分析（图4-11）

此款合体型衬衣，基本袖型变化成中袖，小立领领型，衣长至臀围线下，廓型为直筒H型。由于是合体型造型，胸省表现立体形式设计在腋下侧缝线，以工业基础型为原型母板。

2. 绘制规格（表4-2）

表4-2　绘制规格表

成品规格：160/84A（M）　　单位：cm

名称	衣长	胸围	腰围	臀围	袖长	肩宽
尺寸	58	94	94	96	45	38

图4-11　合体H型中袖衬衣效果图

3. 原型省道处理（图 4-12）

此款以衬衣合体型工业基本型为母板，后片基本型保持不变，前片基本型上将立体表现的胸省转移到衣片侧缝线处，从腋下点向下取 5~7cm 位置为最佳。

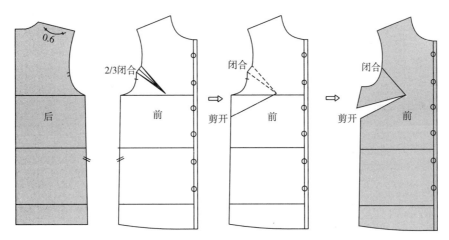

图 4-12　合体 H 型中袖衬衣原型省道处理方法

4. 衣片绘制要点（图 4-13）

后衣片：从后颈点向下取 58cm 为衣长。

袖窿深：由于是合体类型服装可与基本型一致，也可根据休闲的程度向下 0.5~1cm。

胸围、腰围、臀围与基本型一致。

袖片：以衬衣合体型工业袖子基本型为母板，改短袖长为 45cm。

领子：此款为内倾型立领，领高 2.5cm，前领口向上起翘 1.5cm。

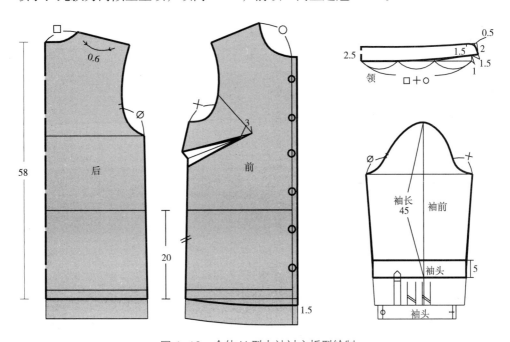

图 4-13　合体 H 型中袖衬衣板型绘制

三、衬衣合体型廓型变化款（X型款）

1. 款式分析（图4-14）

此款衬衣合体型，衬衣基本袖型变化为短袖，小立翻领型，衣长至臀围线下，整体廓型为X型。由于是合体型造型，胸省表现立体形式设计在下摆与腰省合并为全省，以工业基础型为原型母板绘制。

2. 绘制规格（表4-3）

表4-3　绘制规格表

成品规格：160/84A（M）　单位：cm

名称	衣长	胸围	腰围	臀围	袖长	肩宽
尺寸	58	94	74	96	18	38

图4-14　合体X型短袖衬衣效果图

3. 原型（工业基本型）省道处理（图4-15）

此款以衬衣合体型工业基本型为母板，后片基本型：保持不变；前片基本型：将立体表现的胸省保留在袖窿处。

4. 绘制要点（图4-16）

衣片：后衣片从后颈点向下取58cm为衣长。

袖窿深：由于是合体型服装保持与基本型的袖窿深一致。

胸围：尺寸按实际尺寸计算，后片胸围/4-0.5、前片胸围/4+0.5。

腰围：腰省尺寸按胸腰差20cm进行分配，后片收省总量为11cm，单边为5.5cm，分别是后腰省4cm、后侧腰省1.5cm，前片腰省总量为9cm，单边为4.5cm，分别是前腰省3cm、前侧腰省1.5cm。

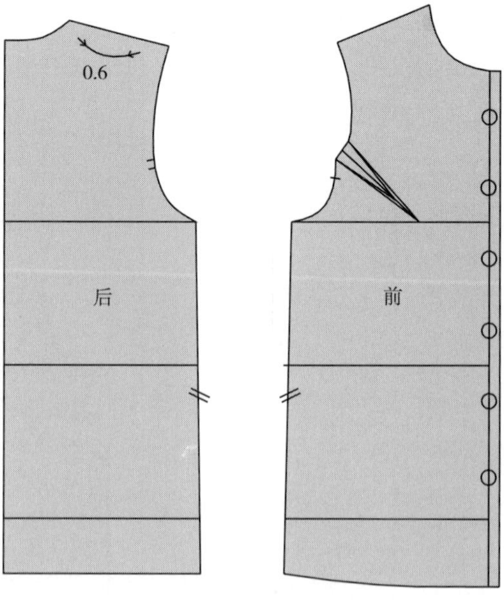

前片绘制完成后，前片腰省延伸到下摆与下摆线相交，剪开下摆的延伸线的交点将在袖窿的立体省转移到下摆处合并为全省。

袖片：以衬衣合体型工业袖子基本型为母板，改短袖长为18cm。

领子：此款为普通型立翻领（企领），领座高2.5cm，后翻领宽3.5cm，翻领后领中向上抬高量3cm。

图4-15　合体X型短袖衬衣原型省道处理方法

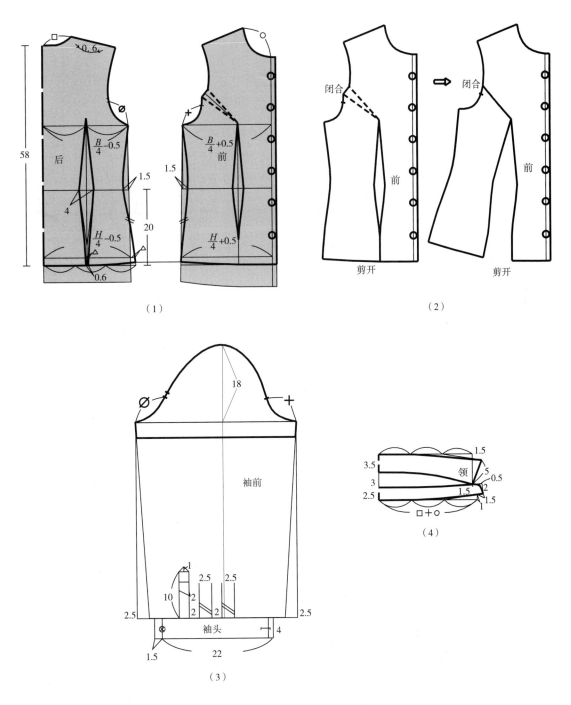

（1）

（2）

（3）

（4）

图4-16　合体X型短袖衬衣板型绘制

四、衬衣合体型廓型变化款（A型款）

1. 款式分析（图4-17）

　　此款合体型衬衣，基本袖型变化为短袖，袖肩头抽褶、袖口抽褶有袖头的灯笼袖型，大翻领，衣长至腰围线下，廓型为A型。由于是合体型造型，胸省设计转移到下摆宽量，以工业基础型为原型母板绘制。

2. 绘制规格（表4-4）

表4-4　绘制规格表

成品规格：160/84A（M）　单位：cm

名称	衣长	胸围	袖长	肩宽
尺寸	58	94	18	38

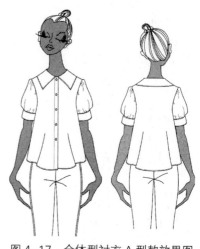

3. 原型（工业基本型）省道处理（图4-18）

　　此款以衬衣合体型工业基本型为母板，后片基本型：保持不变，前片基本型：将立体表现的胸省转移到衣片的下摆，扩展下摆的长度。

图4-17　合体型衬衣A型款效果图

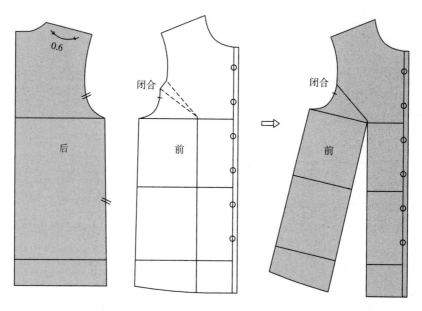

图4-18　合体衬衣A型款原型省道处理方法

4. 绘制要点（图4-19）

　　后衣片：从后颈点向下取58cm为衣长。

　　袖窿深：由于是合体型服装保持与基本型的袖窿深一致。

　　胸围：尺寸按实际尺寸计算，与基本型保持一致。合体A型衬衣后片的摆量从基本型后侧腰节点向外增加2.5cm，确定侧缝线。

　　袖片：袖型是袖山头抽褶的灯笼袖，所以袖山高的公式为宽松的计算方法，即袖山高=AH/4+2.5cm，袖头宽2.5cm，袖头围度是上臂围26cm+4cm=30cm，在制成的袖片图上确定三条展开线分别展开，展开总量7cm为收褶量。

　　领子：此款为平领，前、后肩线肩端点相互交叠量为2.5cm，使平领产生0.6cm的领座高度，后领宽7cm，前领宽9.5cm。

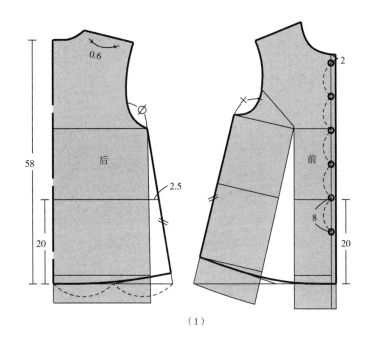

（1）

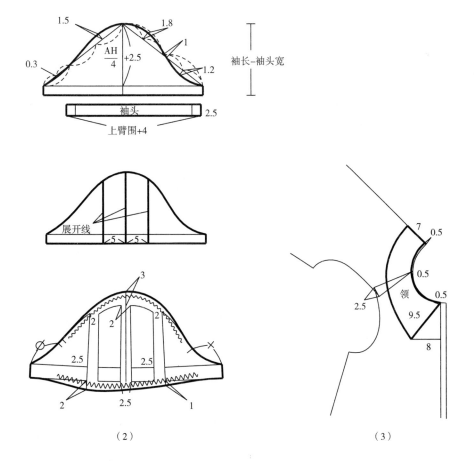

（2）　　　　　　　　　　　　　（3）

图4-19　合体型衬衣A型款板型绘制

第二节　衬衣宽松型绘制实训

一、衬衣宽松型（工业基本款）

1. 款式分析（图4-20）

此款衬衣为一般宽松型的基本款式，衬衣基本袖型，立翻领领型。衣长至臀围线下，廓型为直筒型，前、后下摆为弧形造型，前片左上典型仿男式小贴袋，后片育克设计并转移一部分肩胛省量在育克横向分割线处。由于是宽松类型的造型，胸省的1/2量表现平面形式作为基本型隐藏在袖窿处，另外1/2的胸省量转移到下摆处，设计松量按一般宽松的衬衣方法加放。

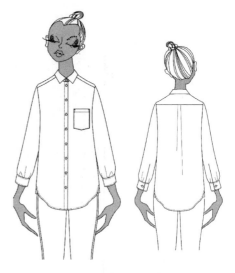

图4-20　宽松型衬衣效果图

2. 绘制规格（表4-5）

表4-5　绘制规格表

成品规格：160/84A（M）　　单位：cm

名称	衣长	胸围	腰围	臀围	袖长	袖口	肩宽
尺寸	74	102	102	102	57	22	40

3. 原型省道处理（图4-21）

后片原型：在小肩宽将肩胛省全部转到袖窿处，在袖窿处的肩胛省1/2做隐藏为平面省处理，肩胛省另外1/2转入后片育克分割线内。

前片原型：将胸省量分为二等份，1/2胸省量保留在袖窿处做平面省隐藏，剩余1/2胸省量转移到下摆做平面省处理。

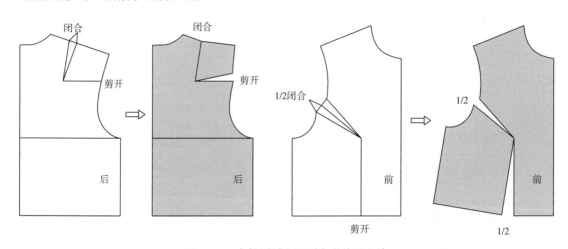

图4-21　宽松型衬衣原型省道处理方法

4.绘制要点（图4-22）

后衣片：从后颈点向下取74cm为衣长。后片中线从后中点向下取9cm为后育克尺寸，加2.5cm在后育克线处收裥省。

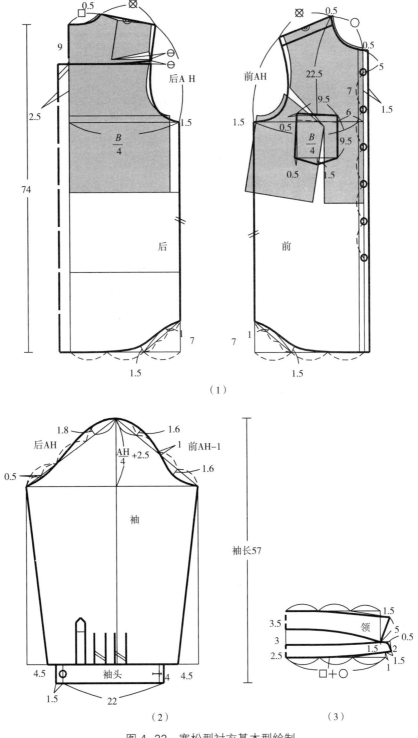

（1）

（2）　　　　　　（3）

图4-22　宽松型衬衣基本型绘制

胸围：尺寸按实际尺寸计算，后片胸围/4、前片胸围/4。

肩宽：大于基本型肩宽为40cm（基本型肩宽为38cm），在基本型的肩端点向外单边增加1cm，成品肩宽40cm，前片肩宽与后片小肩宽的尺寸相等。

袖片：袖山高采用适合合体袖型的公式计算AH/4+2.5cm。薄面料衬衣袖吃缝量为1.5cm，所以袖斜线的长度确定方法为前袖等于前AH−1cm、后袖等于后AH。袖口开衩为宝剑头形式宽度2cm。

领子：此款为普通立翻领（企领），领座高为2.5cm，后翻领宽为3.5cm，后翻领抬高量为3cm。

如图4-23所示为宽松型衬衣板型绘制。

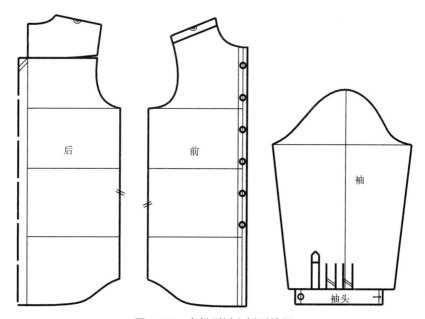

图4-23　宽松型衬衣板型绘制

二、落肩衬衣宽松型（工业基本款）

1. 款式分析（图4-24）

此款衬衣特征是宽松型款式，小落肩短袖基本袖型，立翻领领型，企领特征，衣长至臀围线下，廓型为直筒型，前片下摆造型为弧形，后片下摆为直摆，前片左上有典型仿男式小贴袋，后片横向分割线。由于是宽松型造型，胸省总量的2/3表现平面形式，作为基本型设计隐藏在袖窿处，另外1/3的胸省量转移到下摆处，后肩胛省2/3转移到后袖窿为平面省，设计量按宽松衬衣方法加放。

图4-24　落肩宽松型衬衣效果图

2. 绘制规格（表4-6）

表4-6　绘制规格表

成品规格：160/84A（M）　　单位：cm

名称	衣长	胸围	腰围	臀围	袖长	袖口	肩宽	落肩量
尺寸	68	108	108	108	24	38	38	6

3. 原型省道处理（图4-25）

后片原型：后肩胛省分三等份，1/3省量保留在小肩为立体省归缩处理，剩余2/3的省量全部转到袖窿处隐藏做平面省处理。

前片原型：将胸省量分为三等份，2/3胸省量保留袖窿处做平面省隐藏，剩余1/3胸省量转移到下摆做平面省处理。

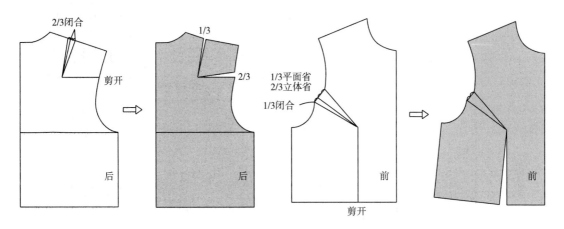

图4-25　落肩宽松型衬衣原型省道处理方法

4. 绘制要点（图4-26）

后衣片：从后颈点向下取68cm为衣长，后片中线从后中点向下取13cm做横向分割线。

胸围：尺寸按实际尺寸计算，后片胸围/4、前片胸围/4。

肩部和落肩方式：将原型肩端点向外放出1cm，分别做10cm水平和垂直的等腰三角形，落肩的袖角度取宽松型袖角度在45°交点向上2.5cm（后片）、2cm（前片）。

袖片：袖山高采用适合合体袖型的公式计算为AH/4+2.5cm，实际袖山高需减去落肩量6cm。落肩袖袖吃缝量为0~0.5cm，由于宽松落肩袖的袖窿曲度和袖山头曲度不大，所以袖斜线的长度确定方法为前袖等于前AH−1cm、后袖等于后AH。

如图4-27所示为落肩宽松衬衣板型绘制。

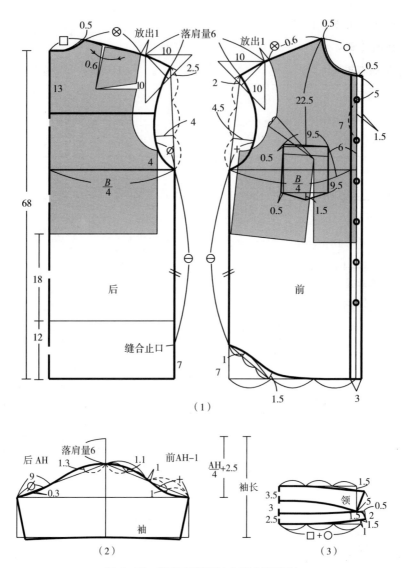

（1）

（2）

（3）

图 4-26 落肩宽松型衬衣基本型绘制

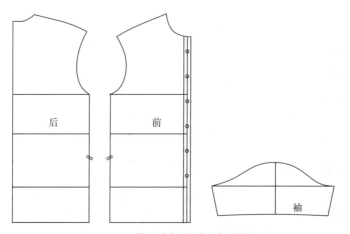

图 4-27 落肩宽松型衬衣板型绘制

三、衬衣宽松型变化款（H型款）

1. 款式分析（图4-28）

此款衬衣基本袖型，袖头为喇叭形袖克夫，小立领型，衣长至臀围线，廓型为H型，前片下摆短，后片下摆长，加放较大的褶量，底摆为弧形连接前、后侧缝，设计松量按衬衣一般宽松方法加放。

2. 绘制规格（表4-7）

表4-7 绘制规格表

成品规格：160/84A（M） 单位：cm

名称	衣长	胸围	腰围	臀围	袖长	袖口	肩宽	袖头宽
尺寸	66	108	108	108	64	24	40	12

3. 原型（工业基本型）省道处理（图4-29）

此款以衬衣一般宽松型工业基本型为母板，后片、前片均保持基本型不变。

图4-28 宽松H型衬衣效果图

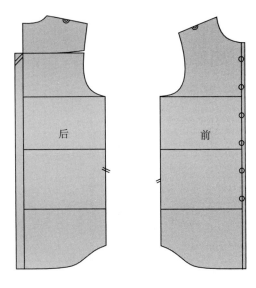

图4-29 宽松H型衬衣原型省道处理方法

4. 绘制要点（图4-30）

衣片：后片中线从后中点向下取20cm+11.5cm为后外层衣长，后片中线从后中点向下取20cm然后延续向下取至衣长线为后内层衣长，内层后片做3个顺褶，前片从袖窿底向下取7.5cm做分割线。

领子：此款为普通立领，领高为4cm，前领抬高量为1.5cm。

袖片：袖山高采用适合合体袖型公式计算为AH/4+2.5cm，袖长64cm-12cm（袖头宽）=52cm。

薄面料衬衣袖吃缝量为1.5cm，所以袖斜线的长度确定方法为前袖等于前AH-1cm、后袖等于后AH。

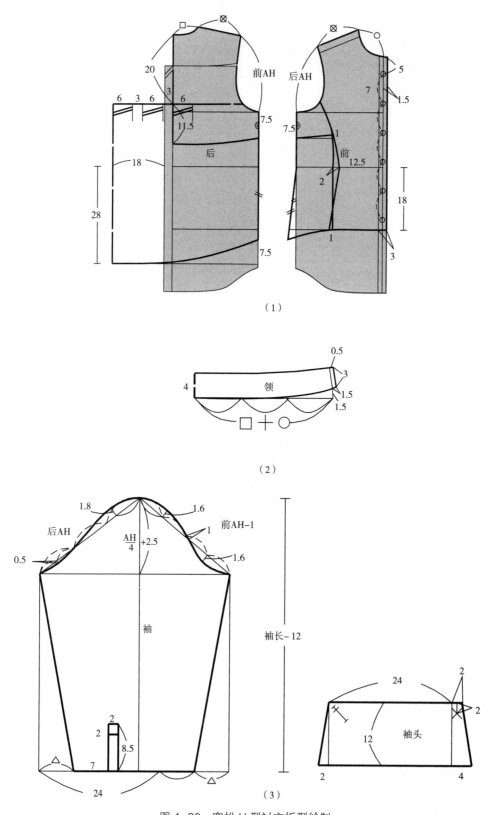

图 4-30　宽松 H 型衬衣板型绘制

四、衬衣宽松型变化款（X型款）

1. 款式分析（图4-31）

此款衬衣为宽松X型款，袖型为盖袖形式，小立翻领型，衣长至臀围线，X型造型腰省为开花省效果，前片暗门襟并外翻增加层次感，设计松量按衬衣一般宽松方法加放。

2. 绘制规格（表4-8）

表4-8　绘制规格表

成品规格：160/84A（M）　　单位：cm

名称	衣长	胸围	腰围	臀围	肩宽
尺寸	60	102	72	102	52

3. 原型（工业基本型）省道处理（图4-32）

此款以衬衣一般宽松型工业基本型为母板，后片、前片均保持基本型不变。

图4-31　宽松X型衬衣效果图

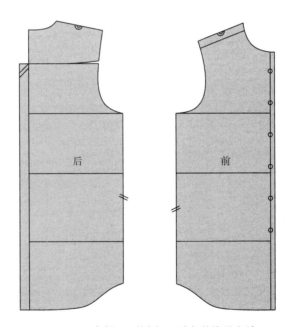

图4-32　宽松X型衬衣原型省道处理方法

4. 绘制要点（图4-33）

衣片：后衣片从后颈点向下取68cm为衣长。

胸围：尺寸按实际尺寸计算，后片胸围/4、前片胸围/4。

肩部按宽松盖袖（无袖类）方式将原型肩点向外加出6cm并向下1cm做角度倾斜。

门襟向外翻折双层边宽9cm，处理为双层连口前襟效果。

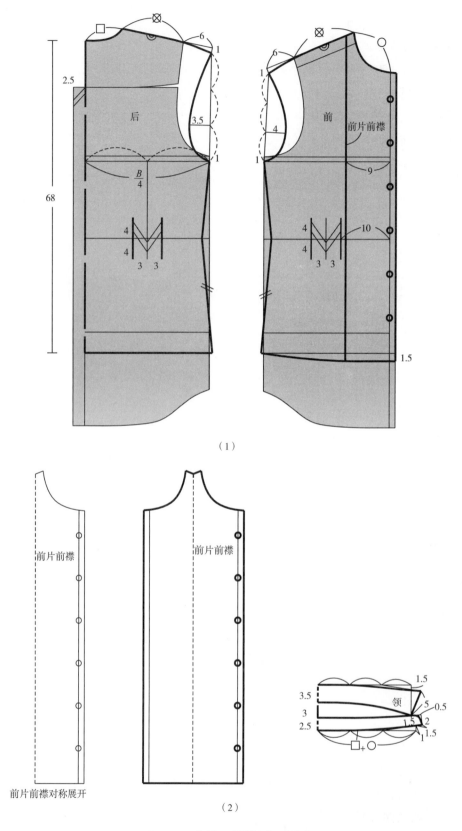

（1）

（2）

图 4-33 宽松 X 型衬衣板型绘制

五、衬衣宽松型变化款（A型款）

1. 款式分析（图4-34）

此款衬衣为A型款，袖型基本长袖形式，立翻领型，衣长至臀围线，廓型为大A型效果，后片有横向分割线，后中线设计工字褶裥，设计量按衬衣一般宽松方法加放。

2. 绘制规格（表4-9）

表4-9　绘制规格表

成品规格：160/84A（M）　　　单位：cm

名称	衣长	胸围	袖长	袖口	肩宽
尺寸	74	102	57	22	40

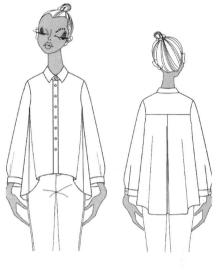

图4-34　宽松A型衬衣效果图

3. 原型（工业基本型）省道处理（图4-35）

此款以衬衣一般宽松型工业基本型为母板，后片、前片、袖片均保持基本型不变。

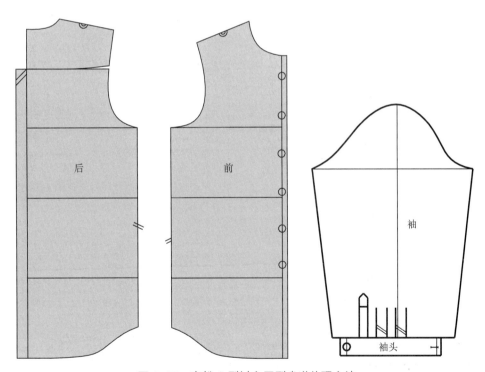

图4-35　宽松A型衬衣原型省道处理方法

4. 绘制要点（图4-36）

后衣片从后颈点向下取74cm为衣长，后片中线从后中点向下取9cm做横向分割线。此款侧缝追加的摆量非常大，前衣片在袖窿底部追加3cm摆量。因为衣片的前、后片和胸围与基本型相同，所以袖子的方法按基本型的袖型完全一致。

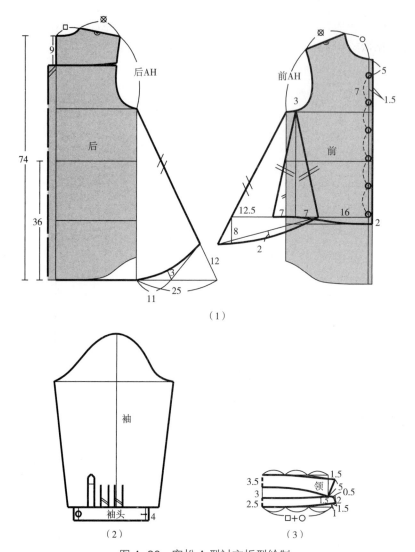

（1）

（2）　　　　　（3）

图 4-36　宽松 A 型衬衣板型绘制

六、外套式衬衣款

1. 款式分析（图 4-37）

此款衬衣宽松型，肩部为宽松落肩设计，落肩量加大为15cm，袖型为衬衣长袖基本形式，立领，衣长至臀围线，廓型为 H 型，前片和后片分别设计横向分割线，后中线设计工字省，设计量按衬衣非常宽松方法加放。

2. 绘制规格（表 4-10）

表 4-10　绘制规格表

成品规格：160/84A（M）　单位：cm

名称	衣长	胸围	袖长	肩宽	落肩量
尺寸	76	140	58	38	15

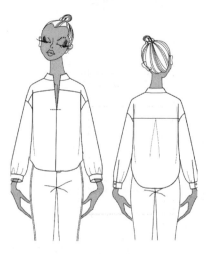

图 4-37　外套式衬衣效果图

3. 原型（工业基本型）省道处理（图4-38）

此款以衬衣宽松型工业基本型为母板，后片、前片均保持基本型不变。

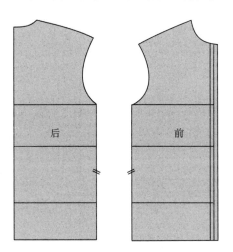

图 4-38　外套式衬衣原型省道处理方法

4. 绘制要点（图4-39）

衣片：后衣片从后颈点向下取76cm为衣长，后片中线从后中点向下取15cm做横向分割线。

胸围：尺寸按实际尺寸计算，后片胸围/4、前片胸围/4。

肩部从肩端点沿肩斜线的延长线取15cm落肩量，袖角度按肩斜线的延长线倾斜并取袖长58cm。

前片方法与后片相同。

袖片：将制作完成的袖子拷贝下来，前袖和后袖从袖中线处合并为基础袖，制作袖头。

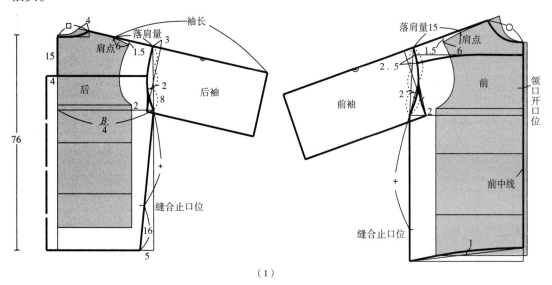

（1）

图 4-39

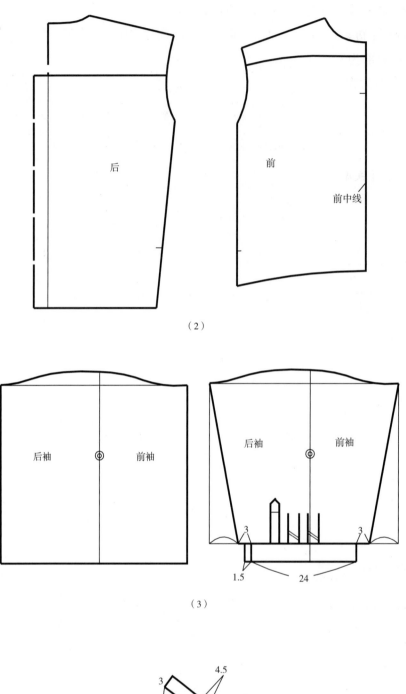

（2）

（3）

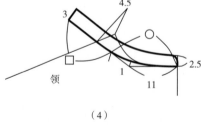

（4）

图 4-39 外套式衬衣板型绘制

七、立领A型衬衣款

1. 款式分析（图4-40）

此款衬衣肩部为宽松盖袖，小立领领型，衣长至臀围线，廓型为大A型，夸张宽松衣型效果。后片设计横向分割线，后中线设计工字省，前片门襟按T恤领口变化设计，设计量按衬衣非常宽松方法加放。

2. 绘制规格（表4-11）

表4-11　绘制规格表

成品规格：160/84A（M）　　单位：cm

名称	衣长	胸围	肩宽
尺寸	73	132	64

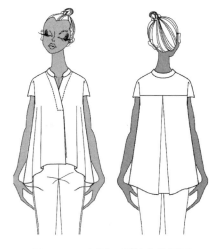

图4-40　立领A型衬衣效果图

3. 原型（工业基本型）省道处理（图4-41）

此款以衬衣宽松型工业基本型为母板，后片、前片均保持基本型不变。

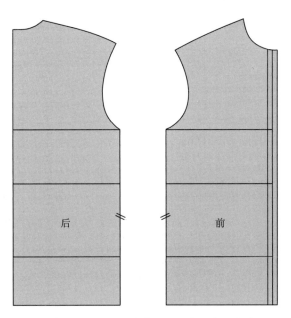

图4-41　立领A型衬衣原型省道处理方法

4. 绘制要点（图4-42）

衣片：后衣片从后颈点向下取73cm为衣长，后片中线从后中点向下取14.5cm做横向分割线，并在分割线处延伸8cm为顺裥量。

胸围：尺寸按实际尺寸计算，后片胸围/4、前片胸围/4。

前领制作完成后，将前中心线展开褶裥量。前、后片侧缝处分别画出一条分割线，并合并侧缝线再进行展开摆量。

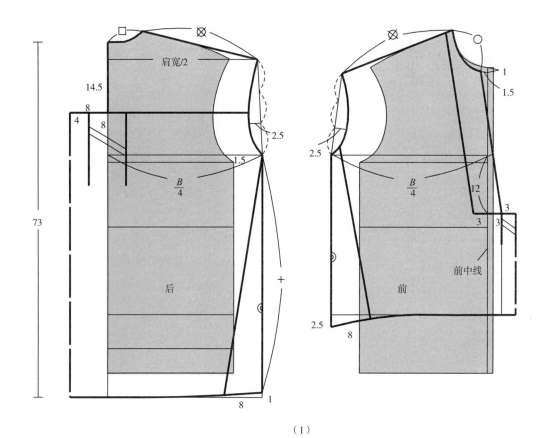

（1）

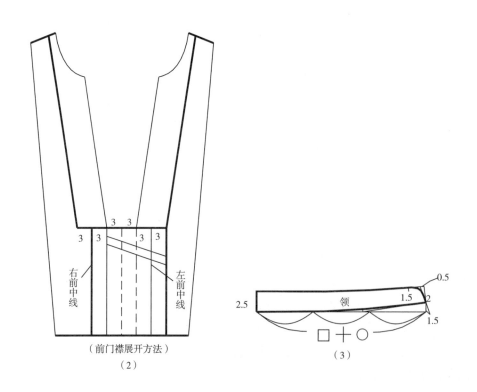

（前门襟展开方法）

（2）

（3）

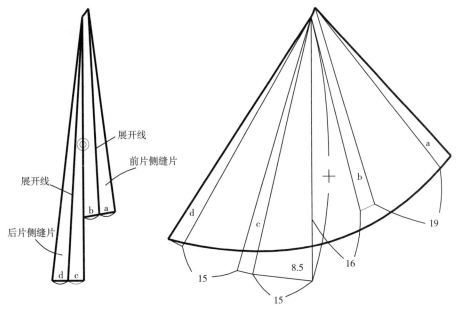

（前、后片侧缝合并与展开方法）
（4）

图 4-42　立领 A 型衬衣板型绘制

八、落肩灯笼袖口衬衣款

1. 款式分析（图4-43）

此款衬衣为宽松型，肩部造型是宽松落肩设计，落肩量加为15cm，袖型以衬衣长袖基本形式变化为灯笼袖，立翻领领型，衣长至臀围线，廓型为H型，夸张宽松衣型效果，设计量按衬衣非常宽松方法加放。

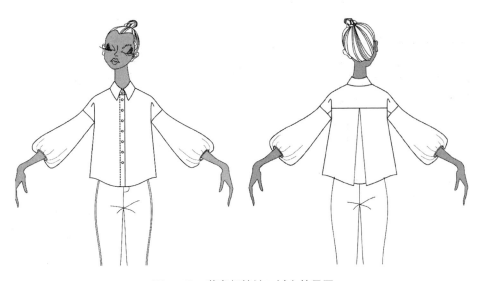

图 4-43　落肩灯笼袖口衬衣效果图

2. 绘制规格（表4-12）

表4-12　绘制规格表

成品规格：160/84A（M）　单位：cm

名称	衣长	胸围	袖长	袖口	肩宽	落肩量
规格	69	124	54	22	38	15

3. 原型（工业基本型）省道处理（图4-44）

此款以衬衣宽松型工业基本型为母板，后片、前片均保持基本型不变。

4. 绘制要点（图4-45）

衣片：后衣片从后颈点向下取69cm为衣长，后片中线从后中点向下取14cm做横向分割线，并在分割线处向左延伸7cm为第一个顺裥量，在后中线与分割线的交点处向右取3.5cm向下做垂直线再进行展开7cm做第二个顺裥量。

袖片：将制作完成的袖子拷贝下来，前袖和后袖从袖中线处合并为基础袖制作袖口，袖口收褶成品尺寸为22cm。

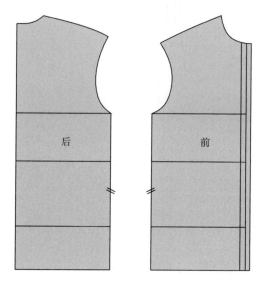

图4-44　落肩灯笼袖口衬衣原型省道处理方法

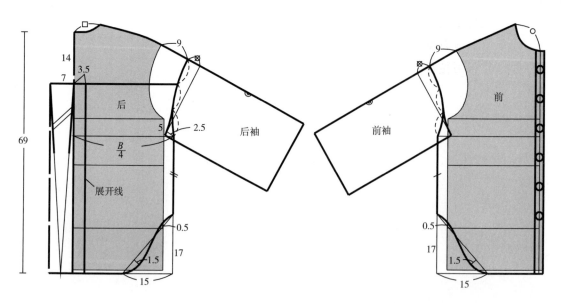

（1）

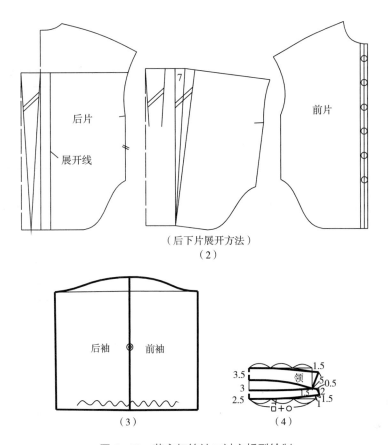

后片

展开线

后下片展开方法）
（2）

7

前片

后袖 前袖

（3）

领

1.5
3.5
0.5
3
2
1.5
1.5
2.5
□+○

（4）

图 4-45 落肩灯笼袖口衬衣板型绘制

九、翻领披肩式衬衣款

1. 款式分析（图 4-46）

此款宽松型披肩衬衣式样，肩部造型按披肩设计，关键控制肩袖的斜度，袖型设计一个袖头，立翻领领型，衣长至臀围线，廓型为夸张宽松衣型效果，前片左有典型的仿男式的贴袋，设计量按衬衣非常宽松方法加放。

图 4-46 翻领披肩式衬衣效果图

2. 绘制规格（表 4-13）

表 4-13 绘制规格表

成品规格：160/84A（M） 单位：cm

名称	衣长	胸围
尺寸	60	184

3. 原型（工业基本型）省道处理（图 4-47）

此款以衬衣宽松型工业基本型为母板，前、后片均保持基本型不变。

4. 绘制要点（图 4-48）

衣片：后衣片从后颈点向下取 60cm 为衣长。

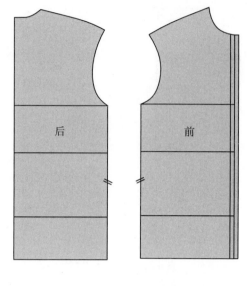

图 4-47　翻领披肩式衬衣原型省道处理方法

胸围：尺寸按实际尺寸计算，后片胸围 /4、前片胸围 /4。过侧颈点沿肩斜线取肩袖长 42cm。

袖子：测量出前、后片袖口的长度，以前袖口长度 + 后袖口长度 = 袖头长度，袖头宽为 3cm。

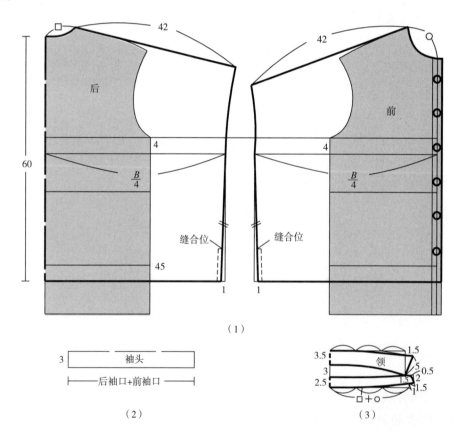

图 4-48　翻领披肩式衬衣板型绘制

第三节　相同廓型结构线变化款绘制实训

应用相同工业基础板和相同的廓型，变化不同的内部结构线是板型实训中举一反三的必要技术知识。

一、以造型省形式变化的款式

1. 款式分析（图4-49）

用相同合体衬衣基础板，以相同的X型为轮廓，变化衣片内部结构线，此款运用造型省结构的变化，将造型省设计在袖窿省和胸腰省的方法，通过操作实训可以掌握造型省在服装结构中的变化技巧。

2. 绘制规格（表4-14）

表4-14　绘制规格表

成品规格：160/84A（M）　　　单位：cm

名称	衣长	胸围	腰围	臀围	袖长	袖口	肩宽
尺寸	58	94	74	96	18	31	38

图4-49　短袖造型省衬衣效果图

3. 原型（工业基本型）省道处理（图4-50）

此款以衬衣合体型工业基本型为母板，后片基本型：不变，前片基本型：将立体的胸省保留在袖窿处做袖窿省。

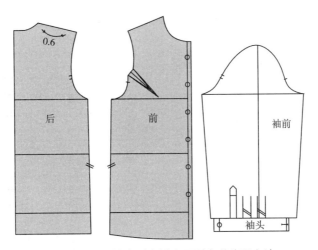

图4-50　短袖造型省衬衣原型省道处理方法

4. 绘制要点（图4-51）

衣片：后衣片从后颈点向下取58cm为衣长。

腰围：腰省的具体尺寸分配按胸腰差20cm的量，后片收省总量为11cm，单边为5.5cm，分别是后腰省4cm、后侧腰省1.5cm，前片腰省总量为9cm，单边为4.5cm，分别是前腰省3cm、前侧腰省1.5cm。

袖片：以衬衣合体型工业袖子基本型为母板，改短袖，袖长为18cm。

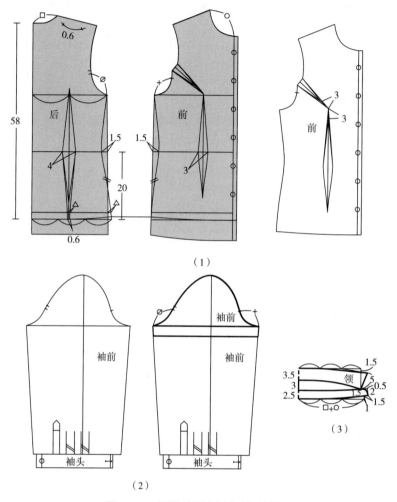

（1）

（2）

（3）

图 4-51　短袖造型省衬衣板型绘制

二、以分割线形式变化的款式

1. 款式分析（图4-52）

此款衬衣在前片上部运用分割线设计，"遇缝转省"处理了前胸腰省，通过操作实训可以掌握分割线在服装结构中的变化技巧。

2. 绘制规格（表4-15）

表4-15　绘制规格表

成品规格：160/84A（M）　单位：cm

名称	衣长	胸围	腰围	臀围	袖长	袖口	肩宽
尺寸	58	94	80	96	18	31	38

图 4-52　短袖分割线衬衣效果图

3.原型（工业基本型）省道处理（图4-53）

此款以衬衣合体型工业基本型为母板，后片基本型：保持不变。前片基本型：将保留在袖窿处的胸省量转移到分割线内。

4.绘制要点（图4-54）

衣片：后衣片从后颈点向下取58cm为衣长。

腰围：腰省的具体尺寸分配按胸腰差14cm的量，后片收省总量为11cm，单边为5.5cm，分别是后腰省4cm、后侧腰省1.5cm，前片腰省总量为3cm，单边前侧腰省1.5cm。

胸省：在前片完成绘制后，将袖窿处的胸省转移到前片小肩的分割线内。

袖片：以衬衣合体型工业袖子基本型为母板，改短袖，袖长为18cm。

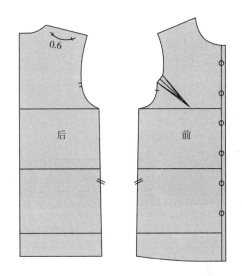

图4-53　短袖分割线衬衣原型省道处理方法

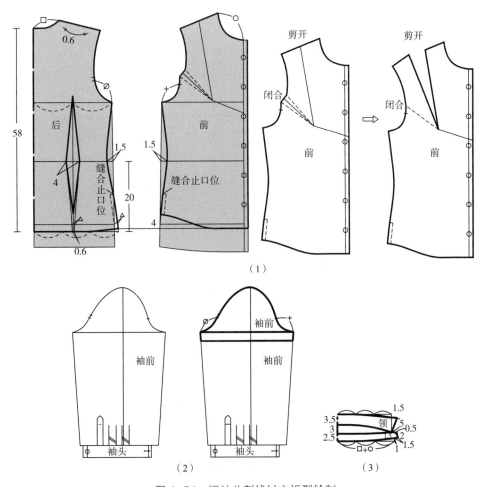

（1）

（2）　　（3）

图4-54　短袖分割线衬衣板型绘制

三、以褶裥应用变化的款式

1. 款式分析（图4-55）

此款运用褶省结构的变化，将褶省设计在前门襟处，实训操作可以掌握褶省在服装结构中的变化技巧。

2. 绘制规格（表4-16）

表4-16　绘制规格表

成品规格：160/84A（M）　单位：cm

名称	衣长	胸围	腰围	臀围	袖长	袖口	肩宽
尺寸	58	94	80	96	18	31	38

3. 原型（工业基本型）省道处理（图4-56）

此款以衬衣合体型工业基本型为母板，后片基本型：不变，前片基本型：立体表现的胸省将保留在袖窿处的省量转移到前门襟褶裥内。

图4-55　褶裥衬衣效果图

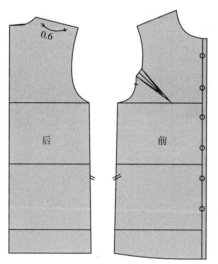
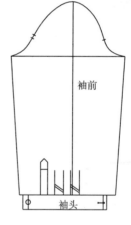

图4-56　褶裥衬衣原型省道处理方法

4. 绘制要点（图4-57）

衣片：后衣片从后颈点向下取58cm为衣长。

腰围：腰省的具体尺寸分配按胸腰差14cm的量，后片收省总量为11cm，单边为5.5cm，分别是后腰省4cm、后侧腰省1.5cm，前片腰省总量为3cm，单边前侧腰省1.5cm。

胸省：在前片完成绘制后，将袖窿处的省量转移到前门襟做褶裥处理。

前衣片胸省转移到门襟处，为了使褶量加大将胸高点向左移5cm，增大胸省的角度使转移到前门襟的褶量增大。

袖片：以衬衣合体型工业袖子基本型为母板，改短袖，袖长为18cm。

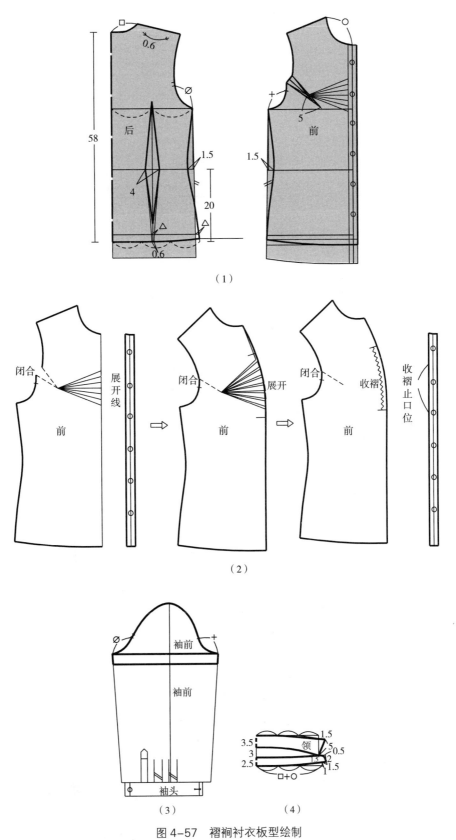

图 4-57　褶裥衬衣板型绘制

四、以综合省应用变化的款式

1. 款式分析（图4-58）

此款运用综合省结构的变化，将造型省和分割线设计在下胸围和下摆处，操作实训可以掌握综合省在服装结构中的变化技巧。

2. 绘制规格（表4-17）

表4-17　绘制规格表

成品规格：160/84A（M）　　单位：cm

名称	衣长	胸围	腰围	臀围	袖长	袖口	肩宽
尺寸	58	94	74	96	18	31	38

3. 原型（工业基本型）省道处理（图4-59）

此款以衬衣合体型工业基本型为母板，后片基本型：保持不变，前片基本型：立体表现的胸省将保留在袖窿处的省量转移到腰省处合并为全省。

图4-58　综合省衬衣效果图

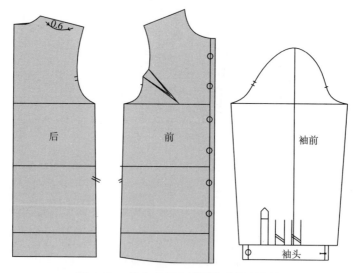

图4-59　综合省衬衣原型省道处理方法

4. 绘制要点（图4-60）

衣片：后衣片从后颈点向下取58cm为衣长。

腰围：腰省的具体尺寸分配按胸腰差20cm的量，后片收省总量为11cm，单边为5.5cm，分别是后腰省4cm、后侧腰省1.5cm，前片腰省总量为9cm，单边为4.5cm，分别是前侧腰省1.5cm、前腰省3cm。

胸省：在前片完成绘制后，将袖窿处的胸省转移到前片横向分割线腰省处。前衣片胸省胸高点向下9cm做横向分割线。

袖片：以衬衣合体型工业袖子基本型为母板，改短袖，袖长为18cm。

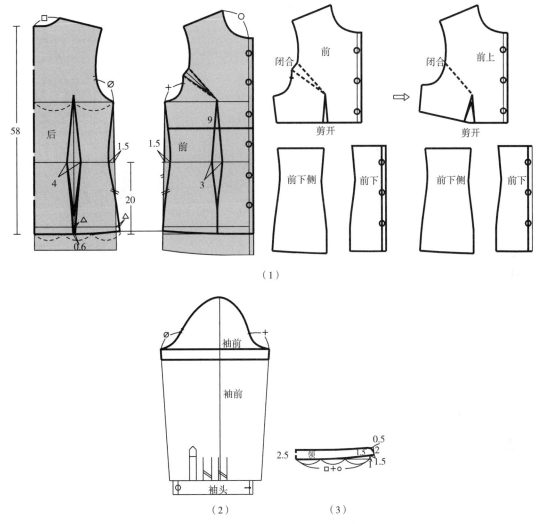

（1）

（2）　　　　　　（3）

图 4-60　综合省衬衣板型绘制

第五章
套装上衣类服装

理论与技术实操——

课题名称：套装上衣类服装。

课题内容：套装上衣类服装概念；套装上衣类合体型服装造型绘制方法与实训；套装上衣
　　　　　类宽松型服装造型绘制方法与实训；套装上衣类服装相同廓型结构线变化款绘
　　　　　制方法与实训。

课题时间：16学时。

教学目的：了解套装上衣类服装造型方法，掌握套装上衣类合体型造型；套装上衣类宽松
　　　　　型造型；套装上衣类时尚变化款绘制方法与技巧。

教学方式：理论授课、示范教学和实训。

教学要求：熟练绘制套装上衣类服装各种造型款式样板。

课前后准备：课后进行套装上衣类服装各种造型款式样板技术实操。

套装是指一套组合搭配的服装，男士套装一般是由西服上衣、背心、裤子组合而成，女士套装多数是由上衣夹克、西服上衣和裙子组合而成。有用同一面料缝制的套装，也有用不同面料搭配的套装，无论是裙或裤与上衣组合，还是搭配衬衣、毛衣、马甲组合成多种套装形式。从平常的衣服到礼服，套装的应用范围很广，最正规的还是西服套装。根据西服造型的形态可分为：束腰套装、夹克套装、翻驳领西服套装、长披风套装、外衫夹克套装、披肩套装、游猎套装、休闲式套装、斯潘塞套装、作战套装、骑马套装等。

【实训目的】

了解套装上衣类服装造型原理和绘制方法，掌握应用原型为基础绘制套装上衣类服装中合体类、宽松类的工业基本型的方法，应用工业基本型绘制各种合体和宽松的套装上衣类服装。

【实训要求】

通过对套装上衣类服装造型原理和绘制方法的学习，能够熟练绘制各种套装上衣类廓型和结构线变化款。

【实训重点与难点】

重点：绘制套装上衣类西服外套、夹克外套、休闲外套服装中合体类、宽松类的工业基本型，应用工业基本型能绘制各种合体和宽松的套装上衣类服装款式。

难点：应用工业基本型绘制合体和宽松的套装上衣服装的技术技巧。

图 5-1 合体型西服　　图 5-2 宽松型西服
　　　 工业基本款　　　　　　 工业基本款

【实训内容】

套装上衣类服装绘制共计11款，其中西服外套服装合体型工业基本型1款（图5-1）、西服外套服装宽松型工业基本型1款（图5-2）、夹克外套服装合体型工业基本型1款（图5-3）、夹克外套服装宽松型工业基本型1款（图5-4）、休闲外套服装合体型基本型1款（图5-5）、休闲外套服装合体型变化款3款（图5-6）、休闲外套服装宽松型工业基本型1款（图5-7）、休闲外套服装宽松型变化款2款（图5-8）。

图 5-3 合体型夹克　　图 5-4 宽松型夹克
　　　 工业基本款　　　　　　 工业基本款

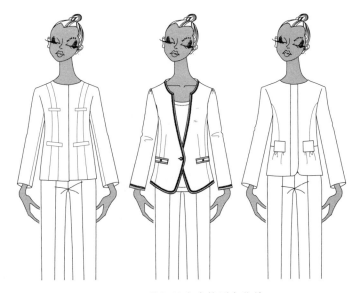

图 5-5　休闲外套合体型
　　　工业基本款

图 5-6　休闲外套合体型变化款

图 5-7　休闲外套宽松型工业基本款

图 5-8　休闲外套宽松型变化款

第一节　西服外套绘制实训

一、合体型西服外套（工业基本款）

1. 款式分析（图 5-9）

此款合体型西服外套为基本西服款式。结构特征：戗驳头翻驳领，双排扣，八片衣身，采用四分制的制板方式，经典的圆装两片袖型，衣长至臀围线，廓型为收腰X型。由于是合体类型的造型，胸省量的2/3设计在分割线（刀弧省）为立体省，胸省量的1/3隐藏在袖窿处为平面省形式，胸围设计松量按西服上衣合体类加放。

2. 绘制规格（表5-1）

表5-1　绘制规格表

成品规格：160/84A（M）　单位：cm

名称	衣长	胸围	腰围	臀围	袖长	袖口	肩宽
尺寸	62	96	76	98	57	25	38

图5-9　合体型西服效果图

3. 原型省道处理（图5-10）

后片原型：将肩省分三等份，在小肩宽处保留1/3省量做归缩处理，剩余2/3的省量全部转到袖窿处隐藏做平面省处理。

前片原型：先将领口打开0.7cm做撇胸，剩余的胸省量分为3等份，1/3胸省量保留袖窿处做平面省隐藏，2/3胸省量留在袖窿处做立体袖窿省处理。

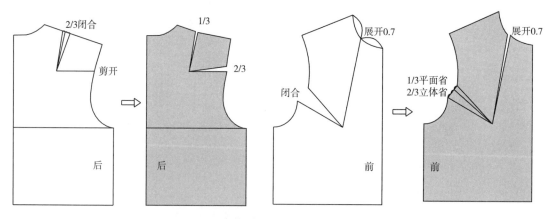

图5-10　合体型西服基本型省道处理方法

4. 绘制要点（图5-11）

衣片：袖窿深在原型的腋下点处向下1cm。

后片：小肩平行向上0.5cm补充面料厚度在肩弧的不足量。

胸围：按实际胸围计算，后片胸围/4-0.5cm、前片胸围/4+0.5cm。

腰围：腰省具体尺寸按胸腰差20cm分配（前、后片各10cm），后片腰省总量为6cm，分别是后中线1cm、后腰省3.5cm、后侧腰省1.5cm，前片腰省总量为4cm，分别是前腰省2.5cm、前侧腰省1.5cm。

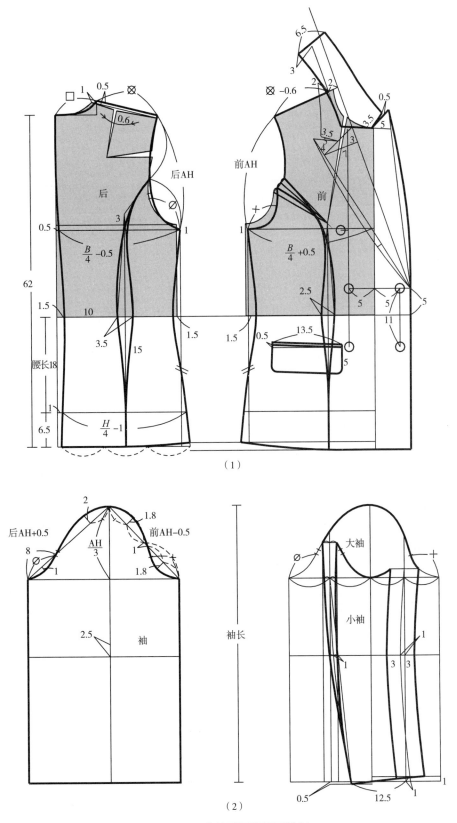

图 5-11　合体型西服板型绘制

二、宽松型西服外套（工业基本款）

1. 款式分析（图5-12）

此款宽松型西服外套为基本款式，其特征：单排扣，平驳头翻驳领，六片衣身，采用三分制的制板方式，圆装两片袖袖型，衣长至臀围线，廓型为半收腰X型。由于是宽松类型的造型，胸省量的1/2表现立体形式设计在前腰省处合并为全省，胸省量的1/2表现平面形式隐藏在袖窿处，胸围设计量按西服上衣一般宽松类加放。

图5-12　宽松型西服效果图

2. 绘制规格（表5-2）

表5-2　绘制规格表

成品规格：160/84A（M）　单位：cm

名称	衣长	胸围	腰围	臀围	袖长	袖口	肩宽
尺寸	62	102	88	104	57	26	42

3. 原型省道处理（图5-13）

后片原型：将肩省分三等份，在小肩宽处保留1/3省量做立体方式的归缩处理，剩余2/3的省量全部转到袖窿处隐藏做平面省处理。

前片原型：先将领口打开0.7cm做撇胸，剩余的胸省量分为二等份，1/2胸省量保留在袖窿处做平面省隐藏，1/2胸省量转移到小肩宽处，最后转移到结构线腰省处。

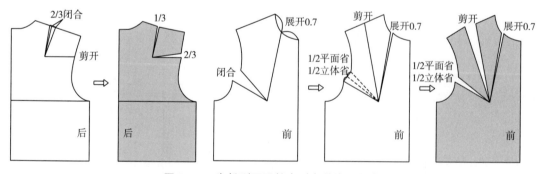

图5-13　宽松型西服基本型省道处理方法

4. 绘制要点（图5-14）

衣片：后片小肩平行向上加0.5cm补充面料厚度在肩弧的不足量。

袖窿深：在原型的腋下点处向下2cm。

胸围：按实际胸围计算，后片胸围/4-0.5cm、前片胸围/4+0.5cm。

腰围：腰省具体尺寸按胸腰差14cm分配（前、后两片各7cm），后片收省总量为5cm，分别是后中线1.5cm、后腰省3.5cm，前片腰省总量为2cm，分配在两条腰省处。前、后片绘制完成后，前片小肩的胸省闭合转移到胸高点（BP）下的腰省处，合并为全省。

袖片：袖子为两片袖制作方法，袖山高按合体袖型公式计算（AH/3），袖肘线的位置确定为袖长的中点向下2.5cm。

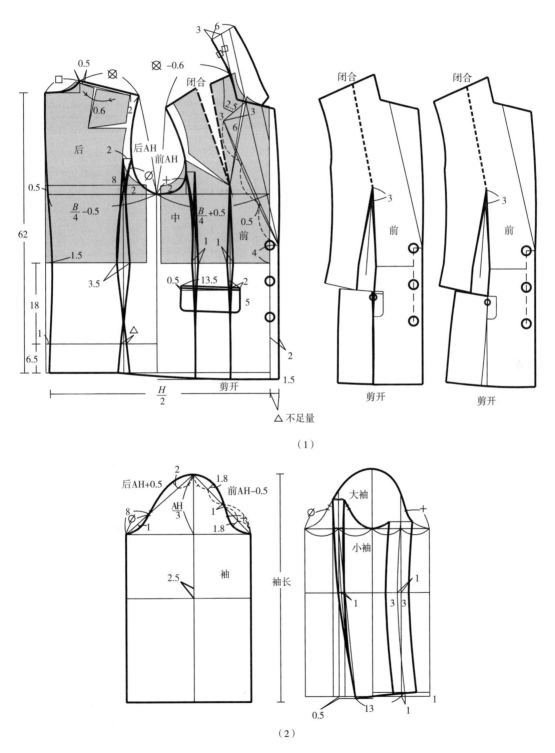

（1）

（2）

图5-14　宽松型西服板型绘制

第二节　夹克外套绘制实训

一、合体型夹克外套（工业基本款）

1. 款式分析（图5-15）

此款合体型夹克外套为基本款式，其特征：翻领、前、后片有横向和竖向分割线设计，前胸两个袋盖，下摆宽边收紧，圆装一片袖基本袖型变化为两片袖，袖口收紧有袖头，衣长较短，廓型为半收腰型。由于是合体类型造型，胸省量的2/3表现立体形式设计在竖向分割线，胸省量的1/3表现平面形式隐藏在袖窿处，胸围设计量按夹克上衣合体类加放。

2. 绘制规格（表5-3）

图5-15　合体型夹克效果图

表5-3　绘制规格表

成品规格：160/84A（M）　　单位：cm

名称	衣长	胸围	腰围	臀围	袖长	袖口	肩宽
尺寸	46	94	80	94	57	25	38

3. 原型省道处理（图5-16）

后片原型：将肩省转到袖窿处，一部分隐藏袖窿，另一部分转移至横向分割线。

前片原型：胸省量分为三等份，1/3胸省量保留袖窿隐藏，2/3胸省量暂留袖窿，前片制作完成后转移到结构线。

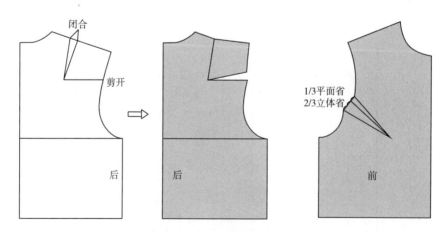

图5-16　合体型夹克基本型省道处理方法

4. 绘制要点（图5-17）

衣片：胸围按实际胸围计算，后片胸围/4-0.5cm、前片胸围/4+0.5cm。

腰围：腰省具体尺寸按胸腰差14cm的总量分配（前、后两片各7cm），后片收省总量为3.5cm，分别是后腰省2cm、侧腰省1.5cm，前片腰省总量为3.5cm，分配在两条腰省各1cm、侧腰省1.5cm。

前、后片绘制完成后，前片袖窿的2/3胸省闭合转移到两个腰省处，合并为全省。

袖片：袖子为一片合体袖方法制作，袖山高按合体的袖型公式计算（AH/3），袖肘线的位置确定为袖长的中点向下2.5cm。一片合体袖完成后，过袖肘关节点做直线交于后袖口，并向上延伸至袖山线相交为后袖分割线，合并肘关节省转移到后袖口。

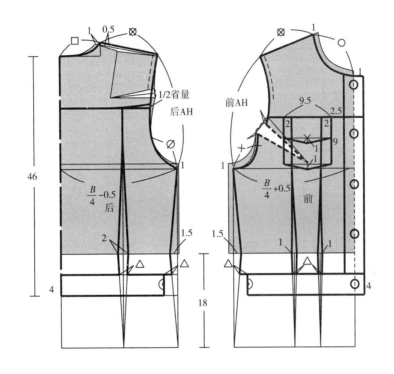

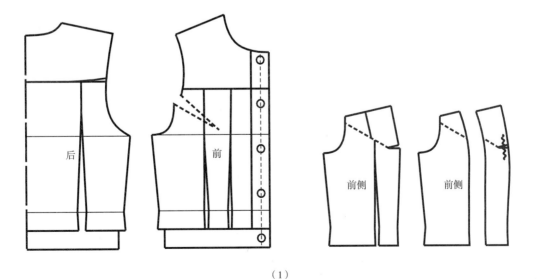

（1）

图5-17

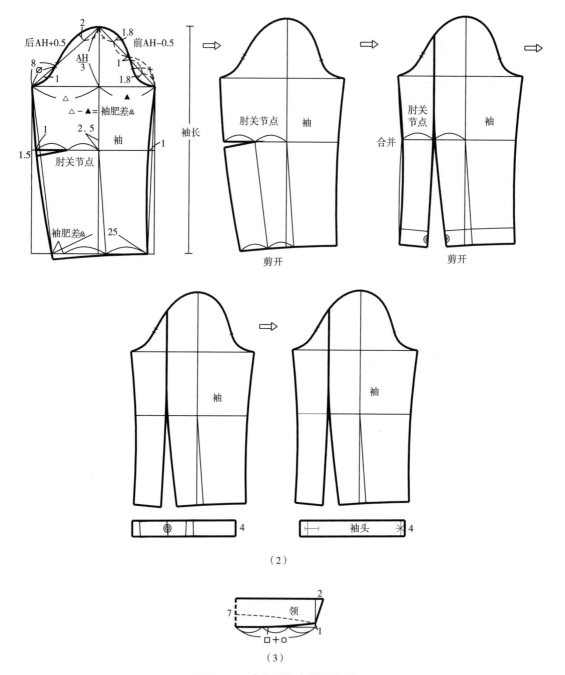

（2）

（3）

图 5-17　合体型夹克板型绘制

二、宽松型夹克外套

1. 款式分析（图 5-18）

　　此款宽松型夹克外套的款式特征为：小立领，前片两个较大立体口袋，落肩袖落肩量6cm，宽松一片袖袖型，袖口收紧有袖头，衣长较短，廓型为直身H型。由于是宽松类型造型，胸省量的2/3表现平面形式隐藏在袖窿处，胸省量的1/3也表现平面形式转移到前片下摆，胸围设计量按夹克上衣宽松类加放。

2. 绘制规格（表5-4）

表5-4　绘制规格表

成品规格：160/84A（M）　　单位：cm

名称	衣长	胸围	腰围	袖长	袖口	袖头宽	肩宽	落肩量
尺寸	40	108	108	45	30	4	38	6

图5-18　宽松型夹克效果图

3. 原型省道处理（图5-19）

后片原型：将肩省分三等份，在小肩宽处保留1/3省量做立体方式的归缩处理，剩余2/3的省量可以全部转移到袖窿处隐藏做平面省处理。

前片原型：胸省量分三等份，2/3胸省量保留袖窿处做平面省隐藏，1/3胸省量转移到下摆处做平面省处理。

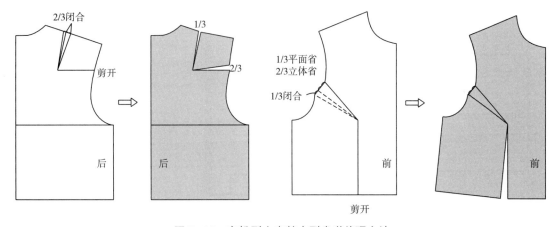

图5-19　宽松型夹克基本型省道处理方法

4. 绘制要点（图5-20）

衣片：后衣片从后颈点向下取40cm为衣长，后片中线从后中点向下取13cm做横向分割线。

胸围：尺寸按实际尺寸计算，后片胸围/4、前片胸围/4。

肩部和落肩：将原型肩点向外放出1cm，分别做10cm水平和垂直的等腰三角形，落肩的袖角度取宽松型袖角度在45°交点向上2.5cm（后片）、2cm（前片）。

袖片：袖山高采用合体袖型的公式计算AH/4+2.5cm，实际袖山高需减去落肩量6cm。薄面料服装袖吃缝量为0~0.5cm，由于宽松落肩袖的袖窿曲度和袖山头曲度不大，所以袖斜线的长度确定前袖为前AH-1cm，后袖为后AH。

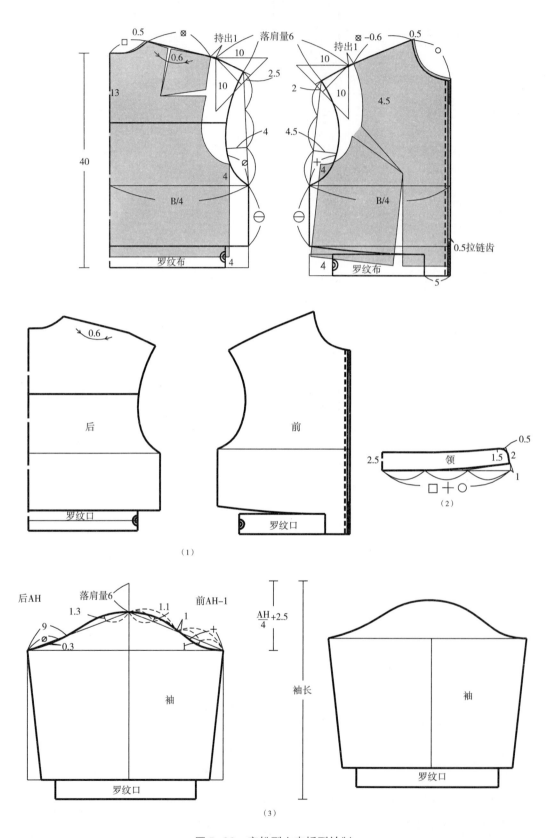

图 5-20　宽松型夹克板型绘制

第三节　休闲外套和变化款绘制实训

一、合体型休闲外套（工业基本款）

1. 款式分析（图5-21）

此款合体型休闲外套为基本款式，其特征：翻领、前片两个单嵌线口袋，圆装两片袖型，衣长至臀围线，廓型为半收腰型。由于是合体类型造型，胸省量的2/3表现立体形式，胸省量的1/3表现平面形式隐藏在袖窿处，胸围设计量按上衣类合体类加放。

2. 绘制规格（表5-5）

表5-5　绘制规格表

成品规格：160/84A（M）　　单位：cm

名称	衣长	胸围	腰围	臀围	袖长	袖口	肩宽
尺寸	54	96	82	98	57	25	38

3. 原型省道处理（图5-22）

后片原型：将肩省分三等份，在小肩宽处保留1/3省量做立体方式的归缩处理，剩余2/3的省量全部转移到袖窿处隐藏做平面省处理。

图5-21　合体型休闲外套效果图

前片原型：胸省量分为三等份，1/3胸省量保留袖窿处做平面省隐藏，2/3胸省量在袖窿做袖窿造型省。

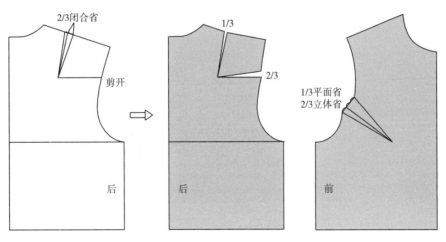

图5-22　合体型休闲外套基本型省道处理方法

4. 绘制要点（图5-23）

衣片：前、后片袖窿深在原型的腋下点处向下1cm。

后片：小肩平行向上0.5cm补充面料厚度在肩弧的不足量。

胸围：按实际胸围计算，后片胸围/4−0.5cm、前片胸围/4+0.5cm。

腰围：腰省具体尺寸按胸腰差14cm分配（前、后两片各7cm），后片收省总量为4cm，分别是后中线1cm、后腰省2cm、后侧腰省1cm，前片腰省总量为3cm，分别是前腰省2cm、前侧腰省1cm。

袖片：袖子为两片袖，袖山高按合体的袖型公式计算（AH/3），袖吃缝量为2.5cm，袖肘线的位置确定为袖长的中点向下2.5cm。

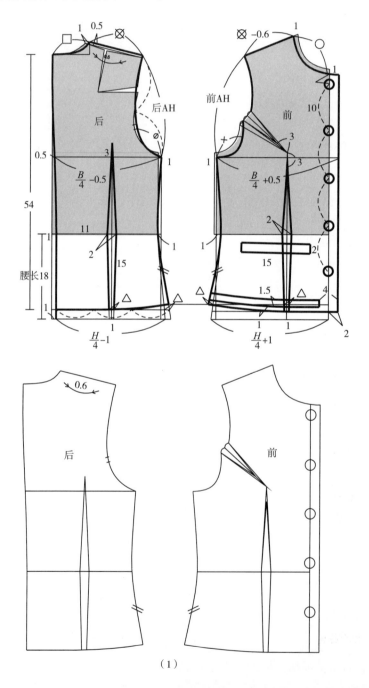

（1）

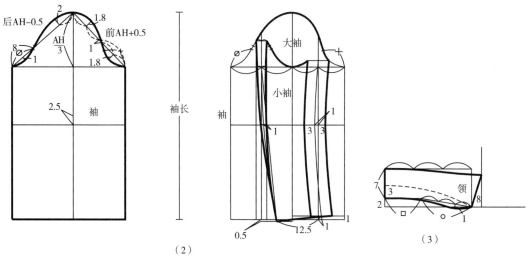

（2）

图 5-23　合体型休闲外套板型绘制

二、合体型休闲外套变化款（一）

1. 款式分析（图 5-24）

此款休闲外套为合体型，两片袖，无领圆领线，四个单嵌线口袋，前、后片分别设计有两条分割线，衣长至臀围线下，廓型为半收腰型，接近典型的香奈儿式风格款式。由于是合体类型造型，胸省表现立体形式设计在前片分割线。

2. 绘制规格（表 5-6）

表 5-6　绘制规格表

成品规格：160/84A（M）　单位：cm

名称	衣长	胸围	腰围	臀围	袖长	袖口	肩宽
尺寸	54	96	78	98	57	26	39

图 5-24　合体型分割线外套效果图

3. 原型（工业基本型）省道处理（图 5-25）

此款以合体型工业基本型为母板，后片、前片均保持基本型不变。

4. 绘制要点（图 5-26）

衣片：后衣片从后颈点向下取 54cm 为衣长。

胸围：按实际胸围计算，后片胸围 /4-0.5cm、前片胸围 /4+0.5cm。

臀围：后片臀围 /4-1cm、前片臀围 /4+1cm。

腰围：腰省具体尺寸按胸腰差 18cm 分配（前、后两片各 9cm），后片收省总量为 5.5cm，分别是后中线 1cm、后腰省 4cm、后侧腰省 0.5cm，前片腰省总量为 3.5cm，分别是前腰省 2.5cm、前侧腰省 1cm。前、后片绘制完成后，前片袖窿的胸省闭合转移到两个腰省处。

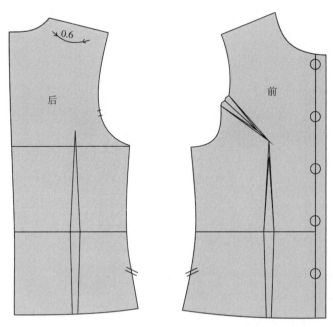

图 5-25　合体型分割线外套基本型省道处理方法

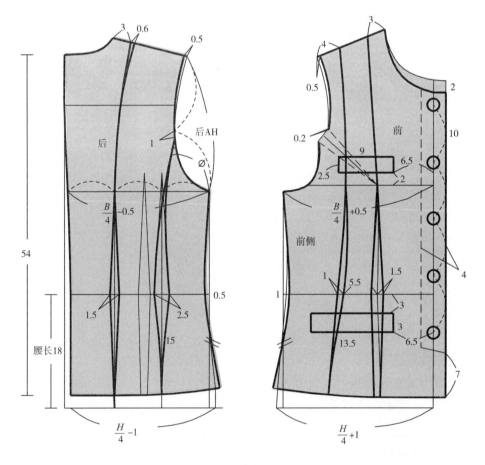

（1）

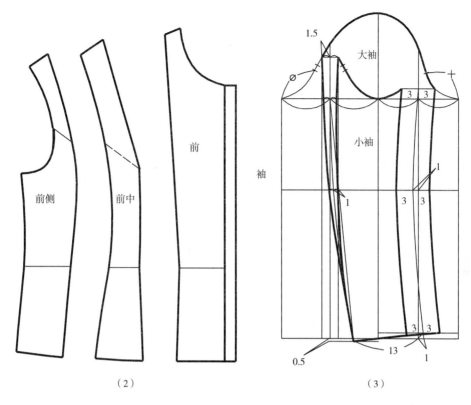

（2）　　　　　　　　　　　　（3）

图 5-26　合体型分割线外套板型绘制

三、合体型休闲外套变化款（二）

1. 款式分析（图 5-27）

　　此款休闲外套为合体型，两片袖，无领深 V 领口，领口和前门襟处压装饰花边，两个单嵌线口袋，前、后片分别设计有一条纵向分割线，衣长至臀围线处，廓型为半收腰型，胸省设计立体形式在前片腰省处合并为全省，胸围设计量按上衣套装加放。

2. 绘制规格（表 5-7）

表 5-7　绘制规格表

成品规格：160/84A（M）　　单位：cm

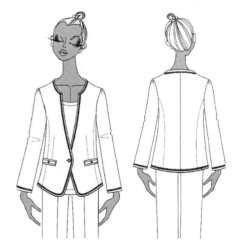

图 5-27　合体型深 V 领口外套效果图

名称	衣长	胸围	腰围	臀围	袖长	袖口	肩宽
尺寸	60	100	84	102	58	26	39

3. 原型（工业基本型）省道处理（图 5-28）

　　此款以休闲外套合体型工业基本型为母板，后片、前片均保持基本型不变。

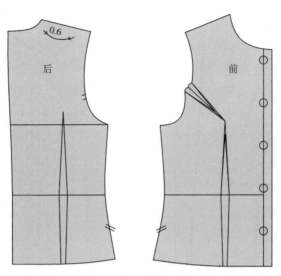

图 5-28　合体型深 V 领口外套基本型省道处理方法

4. 绘制要点（图 5-29）

衣片：后衣片从后颈点向下取 60cm 为衣长。

胸围：按实际胸围计算，后片胸围 /4-0.5cm、前片胸围 /4+0.5cm。

臀围：后片臀围 /4-1cm、前片臀围 /4+1cm。前、后片绘制完成后，前片袖窿的胸省闭合转移到胸高点（BP）下的腰省处。

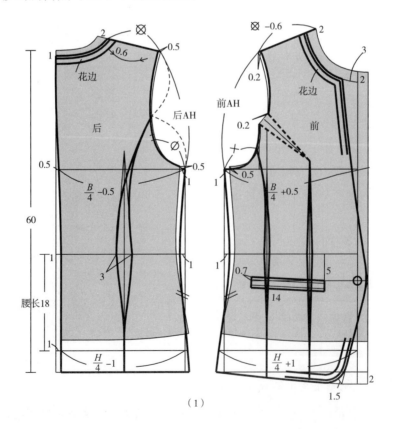

（1）

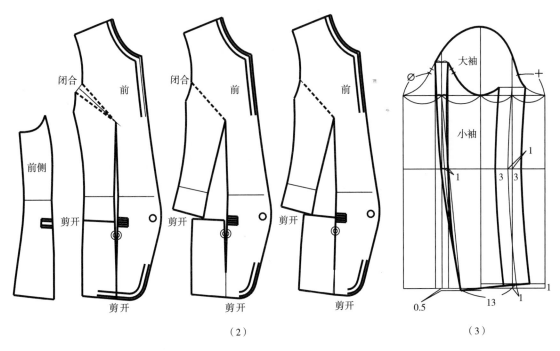

（2）

（3）

图 5-29　合体型深 V 领口外套板型绘制

四、合体型休闲外套变化款（三）

1. 款式分析（图 5-30）

此款休闲外套为合体型，两片袖，无领圆领口，
暗门襟，两个明贴口袋，前、后片分别设计有一条
弧形分割线，衣长至臀围线处，廓型为半收腰型，
胸省表现立体形式设计在前片弧形分割线，贴袋向
左横向至侧缝的分割线加小褶量，设计量按上衣套
装加放。

2. 绘制规格（表 5-8）

表 5-8　绘制规格表

成品规格：160/84A（M）　　单位：cm

名称	衣长	胸围	腰围	臀围	袖长	袖口	肩宽
尺寸	54	100	82	102	57	26	39

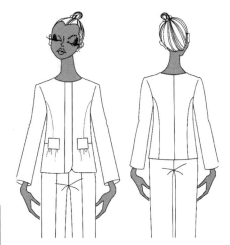

图 5-30　合体型无领圆领口外套效果图

3. 原型（工业基本型）省道处理（图 5-31）

此款以休闲外套合体型工业基本型为母板，后片、前片均保持基本型不变。

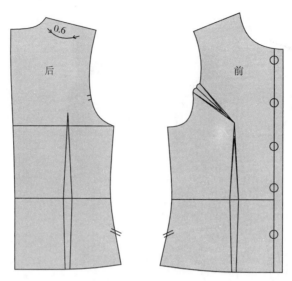

图 5-31　合体型无领圆领口外套基本型省道处理方法

4. 绘制要点（图 5-32）

衣片：后衣片从后颈点向下取 54cm 为衣长。

胸围：按实际胸围计算，后片胸围 /4-0.5cm、前片胸围 /4+0.5cm。

臀围：后片臀围 /4-1cm、前片臀围 /4+1cm。前、后片绘制完成后，将前片腰节分割线加出的 4.5cm 的量分配为三个顺裥。

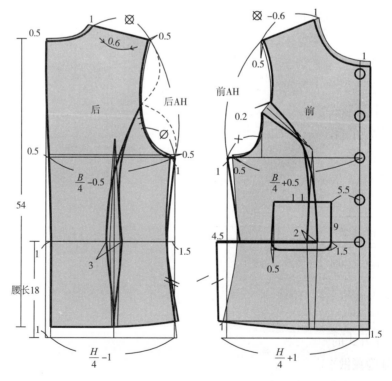

（1）

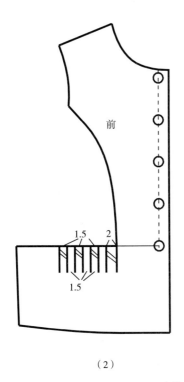

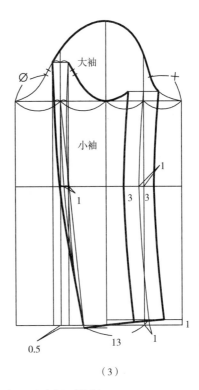

（2）　　　　　　　　　　　　　　　（3）

图5-32　合体型无领圆领口外套板型绘制

五、宽松型落肩休闲外套（工业基本款）

1. 款式分析（图5-33）

此款休闲外套为宽松型款式。其特征：罗纹高尔夫运动领，前片两个单嵌线斜插袋，宽松落肩袖型，衣长至股上线，廓型为直身H型，前门襟用5号开尾拉链。由于是宽松类型造型，胸省量2/3表现平面形式隐藏在袖窿处，胸省量1/3表现平面形式转移到衣下摆，胸围设计量按上衣宽松类或特别宽松类加放。

2. 绘制规格（表5-9）

表5-9　绘制规格表

成品规格：160/84A（M）　　单位：cm

名称	衣长	胸围	腰围	臀围	袖长	袖口	肩宽	落肩量
尺寸	64	108	108	108	59	22	38	6

图5-33　宽松型落肩休闲外套效果图

3. 原型省道处理（图5-34）

后片原型：将肩省分三等份，在小肩宽处保留1/3省量做立体方式的归缩处理，剩余2/3的省量全部转移到袖窿处隐藏做平面省处理。

前片原型：胸省量分三等份，2/3胸省量保留袖窿处做平面省隐藏，1/3胸省量在袖窿做袖窿造型省。

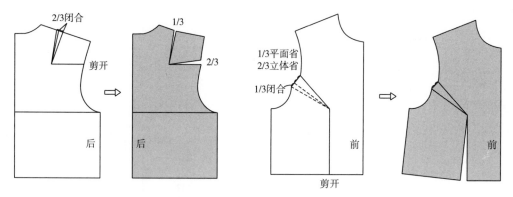

图 5-34 宽松型落肩休闲外套基本型省道处理方法

4. 绘制要点（图 5-35）

衣片：后衣片从后颈点向下取 64cm 为衣长。

胸围：尺寸按实际尺寸计算，后片胸围/4、前片胸围/4。

肩部做落肩方法：将原型肩点向外放出 1cm，分别做 10cm 水平和垂直的等腰三角形，落肩的袖角度取宽松型袖角度在 45° 交点向上 2.5cm（后片）、2cm（前片）。

前门襟：安装 5 号拉链，需在前中线向内减去 0.5cm 的拉链齿量。

袖片：袖山高采用适合合体袖型的公式计算，为 AH/4+2.5cm，实际袖山高需减去落肩量 6cm。落肩袖袖吃缝量为 0~0.5cm，由于宽松落肩袖的袖窿曲度和袖山头曲度不大，所以袖斜线的长度确定方法为前袖等于前 AH-1cm、后袖等于后 AH。袖口为罗纹弹性面料。

领子：面料为罗纹弹性面料，按实际前、后领弧长减 1cm。

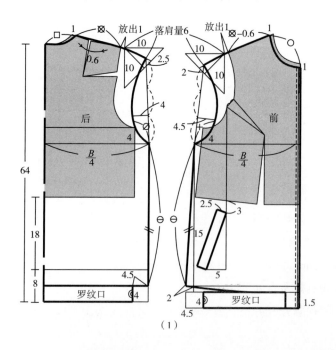

（1）

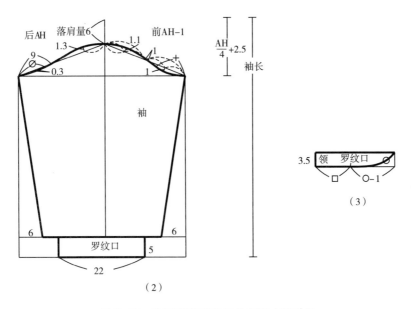

图5-35　宽松型落肩休闲外套基本款绘制

图5-36所示为宽松型落肩休闲外套板型绘制。

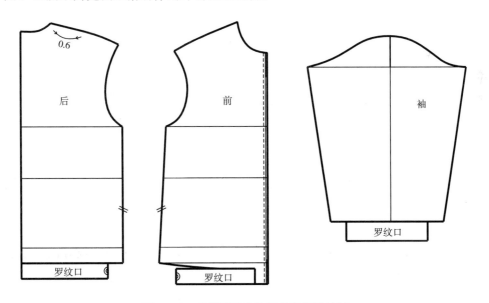

图5-36　宽松型落肩休闲外套板型绘制

六、宽松型落肩带帽休闲外套变化款

1.款式分析（图5-37）

此款为宽松型落肩带帽休闲外套，肩部造型为宽松落肩效果，设计落肩量加大为15cm，袖型按宽松袖角度在衣片上套取袖板，高立领领型，加有帽檐的双分割线，立体连身帽，衣长较短，廓型为H型直身，夸张宽松衣型效果，前片和后片分别有横向分割线飞边效果，设计放松量按衬衣非常宽松方法加放。

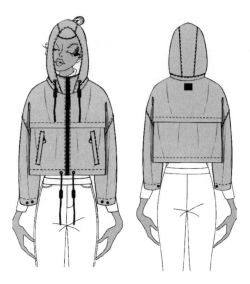

图 5-37　宽松型落肩带帽休闲外套效果图

2. 绘制规格（表 5-10）

表 5-10　绘制规格表

成品规格：160/84A（M）　　单位：cm

名称	衣长	胸围	腰围	臀围	袖长	袖口	肩宽	落肩量
尺寸	42	124	124	124	59	24	38	15

3. 原型（工业基本型）省道处理（图 5-38）

此款以休闲外套宽松型工业基本型为母板，后片、前片均保持基本型不变。

4. 绘制要点（图 5-39）

衣片：从后颈点向下取 42cm 衣长线，后片中线从后中点向下取 18cm 做横向分割线，3cm 飞边连口贴边，扣压明线止口。

胸围：尺寸按实际尺寸计算，后片胸围/4、前片胸围/4。

前片：原型胸围线向上取 3cm 做横向分割线飞边连口贴边，扣压明线止口。前门襟安装 5 号拉链，需在前中线向内减去 0.5cm 的拉链齿量。

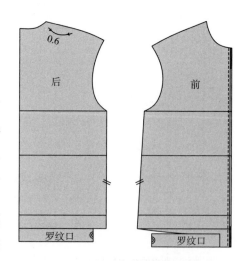

图 5-38　宽松型落肩带帽休闲外套基本型省道处理方法

袖片：将制作完成的袖子拷贝下来，前袖片和后袖片从袖中线处合并为基础袖，制作袖头。

领帽：连身帽是在帽后中心加入细长的拼片，使造型有立体感。确定帽弧形 5cm 平行分割线的长度，按长度确定长方形的拼片长度，5cm 为宽度，后展开为对称拼片。

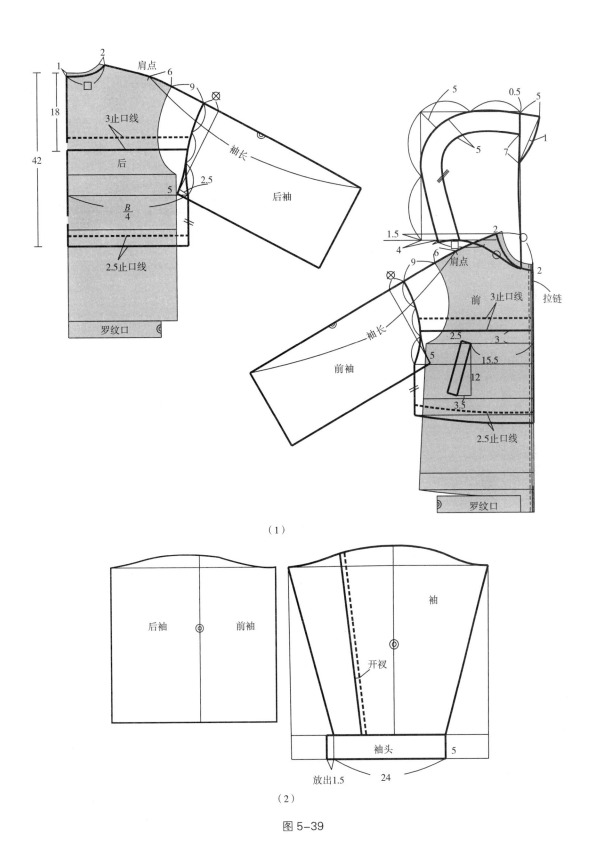

（1）

（2）

图 5-39

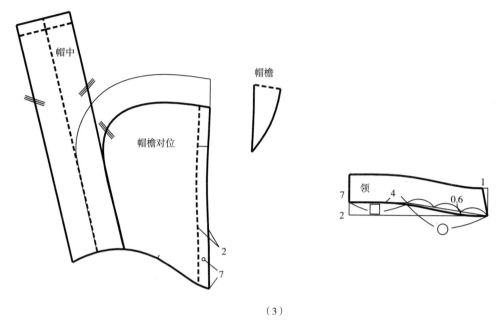

（3）

图5-39　宽松型落肩带帽休闲外套板型绘制

七、插肩袖休闲外套变化款

1. 款式分析（图5-40）

此款为插肩袖休闲外套，肩部为宽松插肩袖结构，袖口有袖头，立领按高尔夫领型使用罗纹面料，衣长至腰围线，短装，廓型为H型，底摆使用罗纹口收紧，前片有斜插袋，设计松量按夹克宽松量加放。

2. 绘制规格（表5-11）

表5-11　绘制规格表

成品规格：160/84A（M）　　单位：cm

名称	衣长	胸围	腰围	臀围	袖长	袖口	肩宽
尺寸	42	108	108	108	45	22	38

图5-40　插肩袖休闲外套效果图

3. 原型（工业基本型）省道处理（图5-41）

此款插肩袖休闲外套以宽松型工业基本型为母板，后片、前片均保持基本型不变。

4. 绘制要点（图5-42）

衣片：从后颈点向下取42cm为衣长。

胸围：尺寸按实际尺寸计算，后片胸围/4、前片胸围/4。

前门襟：安装5号拉链，需在前中线向内减去0.5cm的拉链齿量，下摆5cm宽罗纹弹性面料底边。

袖片：肩部插肩袖结构。

领子：面料为罗纹弹性面料，按实际前后领弧长减1cm。

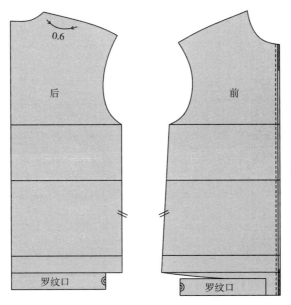

图 5-41　插肩袖休闲外套基本型省道处理方法

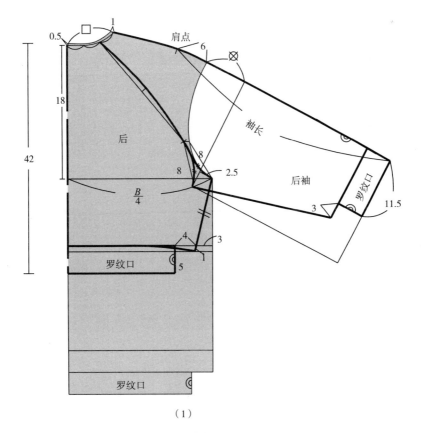

（1）

图 5-42

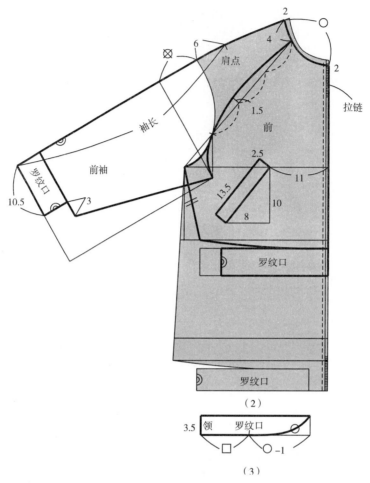

图 5-42　插肩袖休闲外套板型绘制

第六章
大衣类服装

理论与技术实操——

课题名称：大衣类服装。

课题内容：大衣类服装概念；大衣类服装合体型服装造型绘制方法与实训；大衣类服装
宽松型服装造型绘制方法与实训；大衣类服装宽松型肩袖型变化款绘制方法与
实训。

课题时间：16学时。

教学目的：了解大衣类服装造型方法，掌握大衣类服装合体型造型、宽松型造型和大衣类
服装肩袖型变化款绘制方法与技巧。

教学方式：理论授课、示范教学和实训。

教学要求：熟练绘制大衣类服装各种造型款式样板。

课前后准备：课后进行大衣类服装各种造型款式样板技术实操。

大衣是在室外穿用外套的总称。19世纪以前是指穿在最外面的衣服，现在这个概念更加宽泛，指穿在外面用来防风、防寒、防水、防尘的中长或加长衣服。

大衣的历史可从古代波斯的壁画中看到。欧洲在14~15世纪就已普及，当时女装的裙子和衣服袖子较夸张，外出时多围上大围巾或穿搭斗篷，大衣的袖子同斗篷一样。据说翻领大衣的原型是在19世纪初形成的，但现在的大衣样式是在第一次世界大战后，由于服装样式简化、套装普及而形成的。开始，大衣主要用来保暖，之后用来表示身份，到第二次世界大战时，才成为必不可少的正式外出服装，夏季外出有时也要披上大衣（风衣）。

一般大衣是穿用在身体最外面，且比里面的衣服要长、要厚、要有大的松量，所以不能清晰表现出身体的线条，因此需要将大衣轮廓表现更为突出。轮廓造型大致分为箱型（H）、紧身收腰型（X）、帐篷型（A）、茧型（O）。其样式轮廓在某种程度上要受内穿衣服的影响，大衣穿在外面，就要适应里面的服装，因此大衣的样式也越来越多。

【实训目的】

了解大衣类服装造型原理和绘制方法，掌握应用原型为基础绘制大衣类服装合体型、宽松型的工业基本型的方法，应用工业基本型绘制各种合体和宽松的大衣类服装。

【实训要求】

通过对大衣类服装造型原理和绘制方法的学习，能够熟练绘制各种大衣类服装合体型、宽松型和各种肩袖型变化款。

【实训重点与难点】

重点：绘制大衣类服装合体型、宽松型的工业基本型，应用工业基本型绘制各种合体和宽松的大衣类服装款式。

难点：应用工业基本型绘制各种合体和宽松的大衣类服装的技术技巧。

【实训内容】

大衣类服装绘制共计14款，其中大衣类服装合体型工业基本型1款（图6-1）、大衣类服装合体型工业基本型廓型变化款3款（图6-2）、大衣类服装宽松型工业基本型1款（图6-3）、大衣类服装宽松型工业基本型廓型变化款3款（图6-4）、大衣类服装宽松型肩线袖型变化款6款（图6-5）。

图 6-1　合体型大衣工业基本款

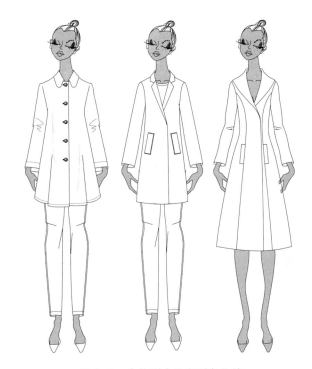

图 6-2　合体型大衣廓型变化款

图 6-3　宽松型大衣工业基本款

图 6-4　宽松型大衣廓型变化款

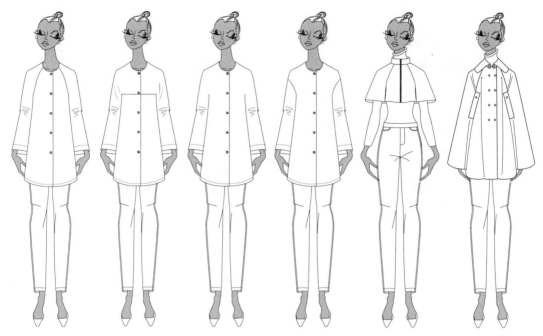

图 6-5　宽松型大衣肩线袖型变化款

第一节　大衣合体型绘制实训

一、大衣合体型（工业基本款）

1. 款式分析（图6-6）

此款是中长合体型大衣，为基本款式，其特征：单排扣无领，典型圆装两片袖基本袖型，衣长至膝围线上10cm，廓型为直身H型。由于是合体类型的造型，胸省量的1/2表现立体形式，设计在侧缝线腋下省，胸省量的1/2表现平面形式隐藏在袖窿处，胸围设计量按大衣合体类加放。

2. 绘制规格（表6-1）

表6-1　绘制规格表

成品规格：160/84A（M）　单位：cm

名称	衣长	胸围	腰围	臀围	袖长	袖口	肩宽
尺寸	90	100	96	102	58	27	39

3. 原型省道处理（图6-7）

后片原型：在小肩宽处保留1/3的肩胛省做立体归缩处

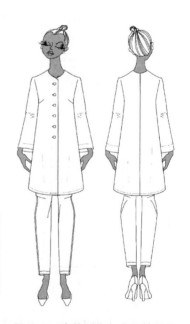

图 6-6　合体型中长大衣效果图

理，剩余2/3的省量全部转移到袖窿处隐藏做平面省处理。

前片原型：将胸省量分二等份，1/2胸省量保留在袖窿处做平面省隐藏，剩余1/2胸省量转移到小肩处，绘制完成后转移到结构线内。

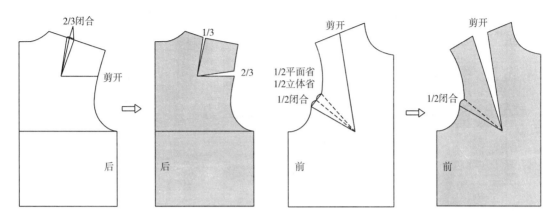

图6-7　合体型中长大衣原型省道处理方法

4. 绘制要点（图6-8）

衣片：从后衣片后颈点向下取90cm为衣长，袖窿深在原型的腋下点处向下2cm。

胸围：按实际胸围计算，后片胸围/4-0.5cm、前片胸围/4+0.5cm。

腰围：尺寸小于胸围4cm，原型侧腰节点向内取1cm。

臀围：以实际尺寸计算，后片臀围/4-0.5cm、前片臀围/4+0.5cm。

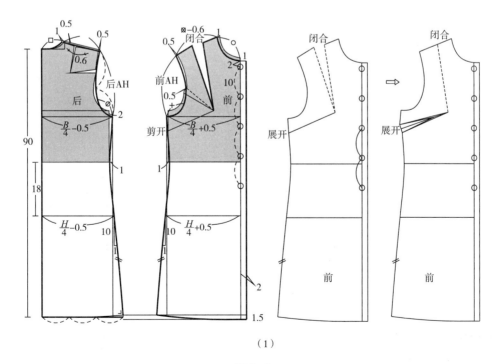

（1）

图6-8

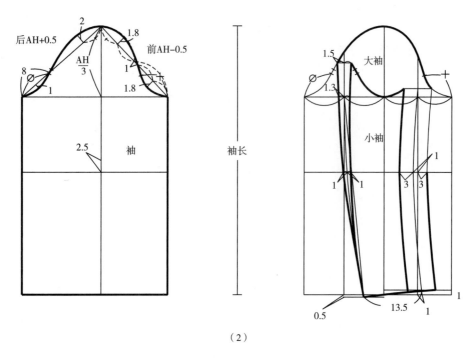

（2）

图6-8　合体型中长大衣基本款绘制

前、后片绘制完成后，前片小肩的胸省闭合转移到腋下5cm处为腋下省。

图6-9为合体型中长大衣基本款的板型绘制。

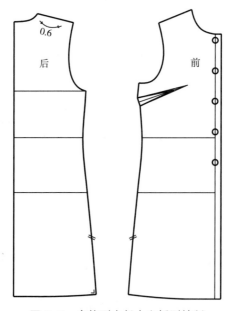

图6-9　合体型中长大衣板型绘制

二、大衣合体型变化款（H型款）

1.款式分析（图6-10）

此款中长大衣为合体型，两片袖，细窄平驳头翻驳领，两个单嵌线插袋，衣长至大腿中部，廓型为H型。由于是翻驳领造型，表现立体形式胸省一部分转移到领口处做撇胸处理，剩余的立体省转入下摆加大下摆起翘量，设计松量按合体大衣类加放。

2. 绘制规格（表6-2）

表6-2 绘制规格表

成品规格：160/84A（M） 单位：cm

名称	衣长	胸围	腰围	臀围	袖长	袖口	肩宽
尺寸	86	100	96	102	58	27	39

3. 原型（工业基本型）省道处理（图6-11）

以中长大衣合体型板型为母板。后片基本型：保持不变。前片基本型：闭合一部分胸省将领口处打开1cm做撇胸处理，将剩余的胸省保留到衣片侧缝线处，绘制完成后转移到下摆。

图 6-10 翻驳领大衣效果图

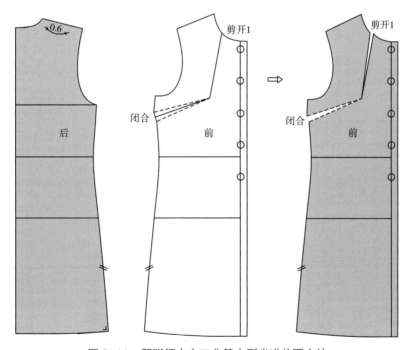

图 6-11 翻驳领大衣工业基本型省道处理方法

4. 绘制要点（图6-12）

衣片：从后衣片后颈点向下取86cm为衣长。

胸围：按实际胸围计算。后片胸围/4-0.5cm、前片胸围/4+0.5cm。

腰围：原型侧腰节点向内取1cm。

臀围：以实际尺寸计算，后片臀围/4-0.5cm、前片臀围/4+0.5cm。

　　前、后片绘制完成后，将腋下的胸省量在侧腰节处做相同尺寸的起翘，提高腰节点。

　　袖子：为两片袖制作方法，袖山高按合体的袖型计算方法（AH/3），袖肘线的位置确定为袖长中点向下2.5cm。

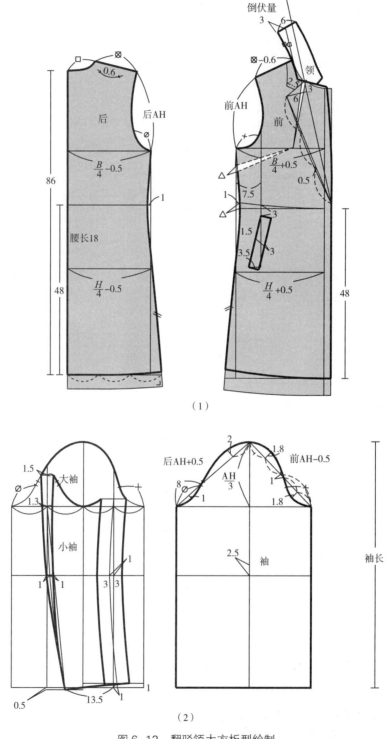

图 6-12　翻驳领大衣板型绘制

三、大衣合体型变化款（X型款）

1. 款式分析（图6-13）

此款大衣为合体型，两片袖，宽大的连驳头翻驳领，又称青果领，八片分割衣身，分割线为经典的刀弧线结构线，两个单嵌线插袋设计在分割线上，衣长至小腿中部，廓型为X型，下摆夸张加大摆量。由于是合体造型，表现立体形式胸省一部分转移到领口处做撇胸处理，剩余立体省转移到分割线，设计量按合体大衣类加放。

2. 绘制规格（表6-3）

表6-3 绘制规格表

成品规格：160/84A（M）　　单位：cm

名称	衣长	胸围	腰围	臀围	袖长	袖口	肩宽
尺寸	108	100	81	106	58	27	39

图6-13　X型大衣效果图

3. 原型（工业基本型）省道处理（图6-14）

此款以大衣合体型板型为母板。后片基本型：保持不变。前片基本型：将侧缝处胸省转移到袖窿做袖窿省。

4. 绘制要点（图6-15）

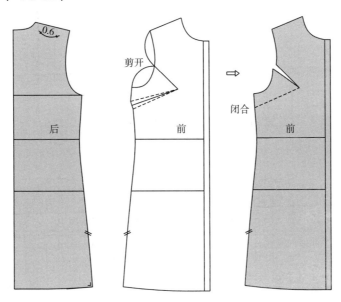

图6-14　X型大衣工业基本型省道处理方法

衣片：从后衣片后颈点向下取108cm为衣长。

胸围：按实际胸围计算，后片胸围/4-0.5cm、前片胸围/4+0.5cm。

腰围：腰省具体尺寸按胸腰差19cm（前、后片各为9.5cm），后片收省总量为5.5cm，后中线1cm、后腰省3cm、后侧腰省1.5cm，前片腰省总量为4cm，前腰省2.5cm、前侧腰省1.5cm。

领子：领座 n=3.5cm、翻领 m=10cm，按17cm翻驳领绘制方法画出领子的倒伏量。

袖子：袖山高按合体的袖型计算方法（AH/3），袖肘线的位置确定为袖长的中点向下2.5cm。

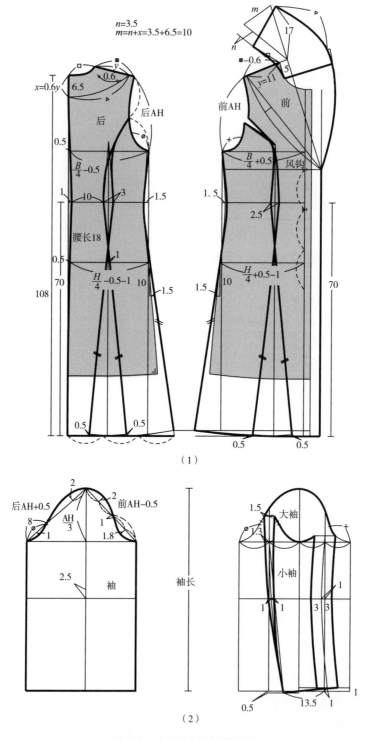

（1）

（2）

图6-15　X型大衣板型绘制

四、大衣合体型变化款（A型款）

1. 款式分析（图6-16）

此款大衣为合体型，两片袖，翻领，衣长至大腿中部，整体廓型为 A 型。由于是合体造型，表现立体形式胸省转移到下摆，扩展下摆摆量，设计量按合体大衣类加放。

2. 绘制规格（表6-4）

表6-4　绘制规格表

成品规格：160/84A（M）　　单位：cm

名称	衣长	胸围	袖长	袖口	肩宽
尺寸	86	100	58	27	39

图6-16　A 型大衣效果图

3. 原型（工业基本型）省道处理（图6-17）

此款以大衣合体型板型为母板。后片基本型：保持不变。前片基本型：将侧缝处胸省转移到下摆，拓展下摆长度。

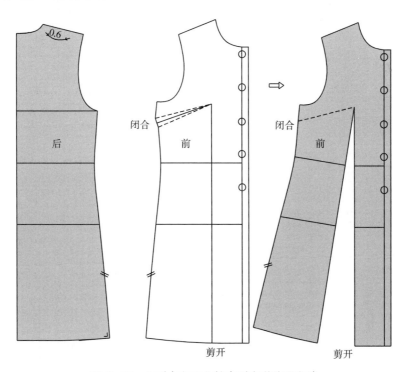

图6-17　A型大衣工业基本型省道处理方法

4. 绘制要点（图6-18）

衣片：从后衣片后颈点向下取86cm为衣长。

胸围：按实际胸围计算，后片胸围/4-0.5cm、前片胸围/4+0.5cm。

后片：A型摆量从后侧腰点向外增加2.5cm，确定侧缝线。

　　领子：翻领的绘制方法，领后中点向上抬高1.5cm，领座高4cm，后翻领宽6cm，翻折线处画出三条分割线共收省0.9cm，每条收省0.3cm，翻折分割线分开领座和翻领，分别合并省量完成领子的绘制。

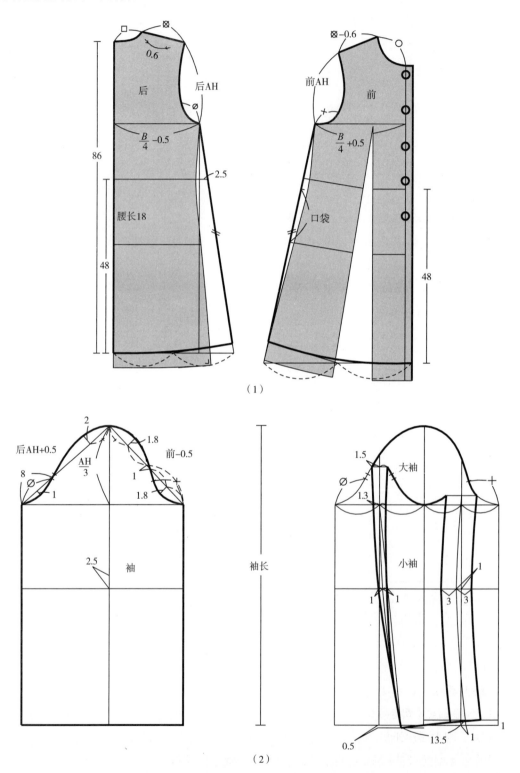

（1）

（2）

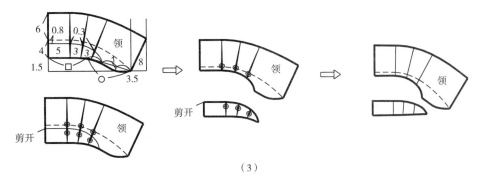

（3）

图6-18　A型大衣板型绘制

第二节　大衣宽松型绘制实训

一、大衣宽松型（工业基本款）

1. 款式分析（图6-19）

此款大衣为宽松型基本款，其特征：较大的翻领，宽松落肩袖型，落肩量10cm，衣长至膝围线下，前片两个大贴袋，廓型为直身H型，腰带可束腰，后片中开衩。由于是宽松类型造型，胸省的2/3表现平面形式隐藏在袖窿处，另外胸省的1/3表现平面形式转移到衣下摆，胸围设计量按大衣类宽松或特别宽松类加放。

2. 绘制规格（表6-5）

表6-5　绘制规格表

成品规格：160/84A（M）　　单位：cm

名称	衣长	胸围	腰围	臀围	袖长	袖口	肩宽	落肩量
尺寸	106	112	112	112	60	30	38	10

图6-19　宽松型H型大衣效果图

3. 原型省道处理（图6-20）

后片原型：将肩省分三等份，在小肩宽处保留1/3省量做立体方式的归缩处理，剩余2/3的省量全部转移到袖窿处隐藏做平面省处理。

前片原型：胸量分三等份，2/3胸省量保留在袖窿处做平面省隐藏，1/3胸省量在袖窿做袖窿造型省。

4. 绘制要点（图6-21）

衣片：从后颈点向下取106cm为衣长。

胸围：尺寸按实际尺寸计算，后片胸围/4、前片胸围/4。

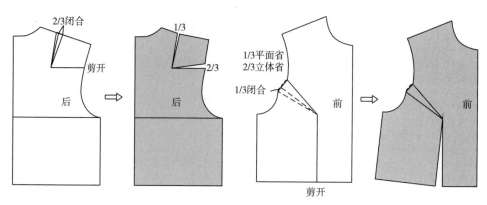

图 6-20　宽松型 H 型大衣原型省道处理方法

肩部和落肩：将原型肩点向外放出 1.5cm，分别做 10cm 水平和垂直的等腰三角形，落肩的袖角度取宽松型袖角度在 45° 交点向上 2.5cm（后片）、2cm（前片）。

袖片：袖山高采用适合合体袖型公式计算，为 AH/4+2.5cm，实际袖山高需减去落肩量 10cm。落肩袖袖吃缝量为 0~0.5cm，由于宽松落肩袖的袖窿曲度和袖山头曲度不大，所以袖斜线的长度确定方法为前袖等于前 AH-1cm、后袖等于后 AH。

领子：翻领的绘制方法，领后中点向上抬高 1.5cm，领座高 4cm，后翻领宽 6cm，翻折线处画出三条分割线共收省 0.9cm，每条收省量 0.3cm，翻折分割线分开领座和翻领，分别合并省量完成领子的绘制。

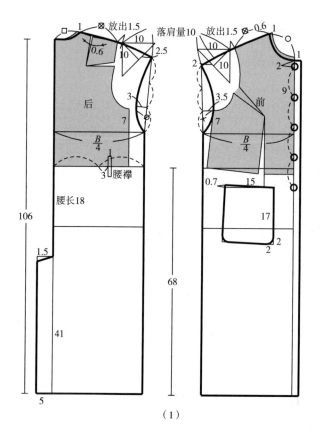

（1）

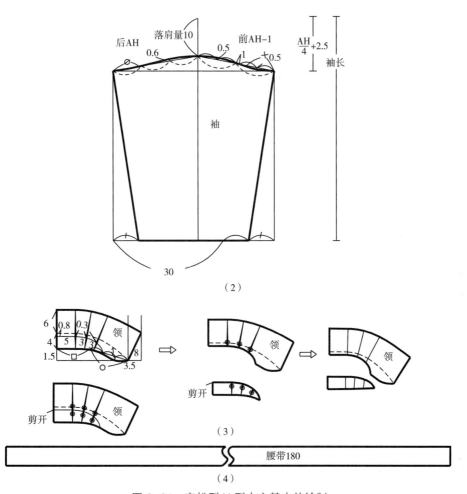

（2）

（3）

腰带180

（4）

图 6-21　宽松型 H 型大衣基本款绘制

图6-22为宽松型H型大衣板型绘制。

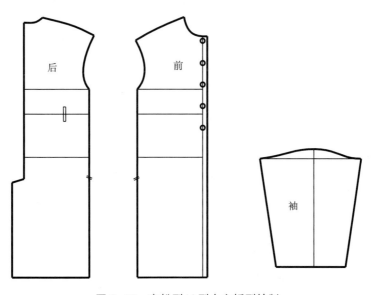

图 6-22　宽松型 H 型大衣板型绘制

二、大衣宽松型变化款（H型款）

1. 款式分析（图6-23）

此款大衣为宽松型，肩造型效果按宽松插肩袖设计，按一般宽松袖袖斜度处理，袖口设计袖带收束，衣长至膝围线下，廓型为H型，腰部有宽腰带设计，前衣片两个斜单嵌线插袋，双排扣拿破仑式登驳领，后片设计有后盖布、肩牌等都是军装风格元素，设计松量按大衣一般宽松方法加放。

2. 绘制规格（表6-6）

表6-6　绘制规格表

成品规格：160/84A（M）　　　单位：cm

名称	衣长	胸围	腰围	臀围	袖长	袖口	肩宽
尺寸	110	112	112	112	59	30	38

图6-23　宽松H型插肩袖大衣效果图

3. 原型（工业基本型）省道处理（图6-24）

此款以大衣宽松型板型为母板，后片、前片均保持基本型不变。

4. 绘制要点（图6-25）

衣片：从后颈点向下取110cm为衣长。

胸围：按实际尺寸计算，后片胸围/4、前片胸围/4。

肩部插肩袖绘制，母板后片过腋下点取直线8cm交袖窿线，过交点做水平线交于后中线，过交点延水平线向后中线方向取1.5cm做交点，过交点连接后领弧长的1/3处做直线，将直线分三等份，在1/3等份处垂直向上1.5cm做直线，顶点为交点，按结构图后片示意做插肩结构的弧线。并过后中线交点向下5cm做后盖布。

前片：门襟为双排扣，领口扣距宽为14cm，腰节处扣距窄为8cm，从扣起点到扣终点平均分配三等份为四排扣。

领子：拿破仑式登驳领（立翻领），翻领后中点向上抬高8cm，后翻领宽6cm，后领座高4.5cm，前领座高3.5cm，前领座中向上抬高8cm。

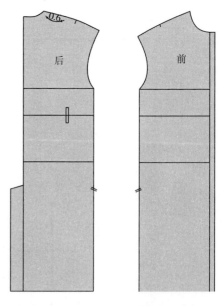

图6-24　宽松H型插肩袖大衣板型省道处理方法

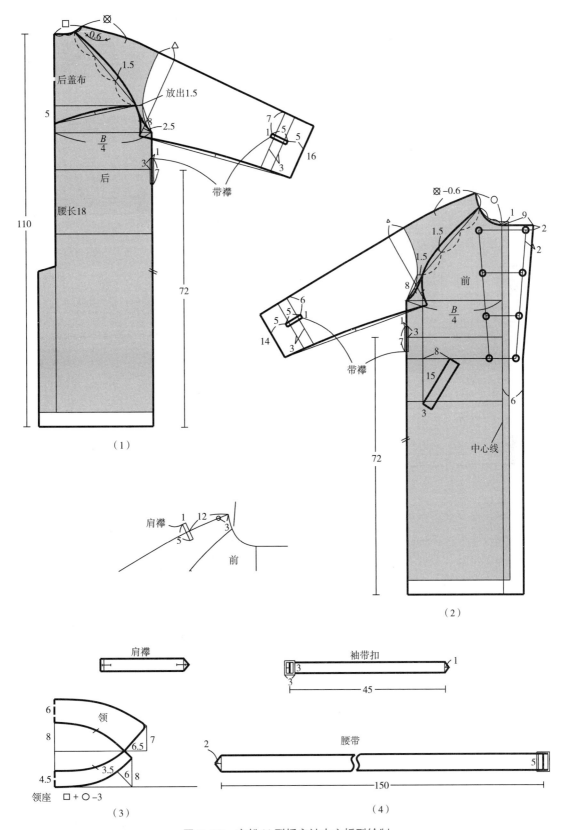

图 6-25 宽松 H 型插肩袖大衣板型绘制

三、大衣宽松型变化款（X型款）

1. 款式分析（图6-26）

此款短大衣为宽松型，肩的造型效果按宽松插肩袖效果设计，按一般宽松袖的袖斜度处理，衣长至臀围线下，廓型为X型，腰部有橡筋收腰效果，前片四个斜袋盖插袋，前门襟设计5号开尾拉链，连身帽，一般宽松衣型效果，设计量按大衣一般宽松方法加放。

2. 绘制规格（表6-7）

表6-7　绘制规格表

成品规格：160/84A（M）　　单位：cm

名称	衣长	胸围	腰围	臀围	袖长	袖口	肩宽
尺寸	70	112	72	112	59	30	38

图6-26　宽松插肩袖带帽短大衣效果图

3. 原型（工业基本型）省道处理（图6-27）

此款以大衣宽松型板型为母板，后片、前片均保持基本型不变。

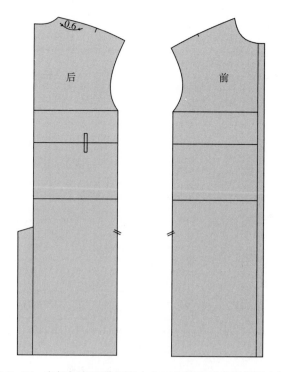

图6-27　宽松插肩袖带帽短大衣工业基本型省道处理方法

4. 绘制要点（图6-28）

衣片：从后颈点向下取70cm为衣长。

胸围：尺寸按实际尺寸计算，后片胸围/4、前片胸围/4。

肩部：插肩袖形式。

腰部：前、后片腰节内压4cm通道，扣压橡筋总长为72cm（每1/4片长度为18cm）。

前门襟：安装5号拉链，需在前中线向内减去0.5cm的拉链齿量。

帽子：连身帽是在帽后中线加入细长的拼片，使造型有立体感，确定帽弧形5cm平行分割线的长度，按长度确定长方形拼片长度，5cm为宽度，后展开为对称拼片。

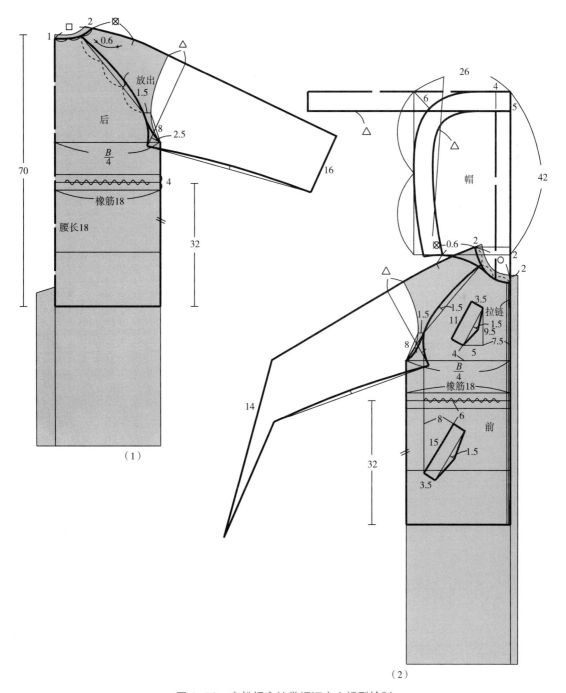

图6-28　宽松插肩袖带帽短大衣板型绘制

四、大衣宽松型变化款（A型款）

1. 款式分析（图6-29）

此款短大衣为宽松型，肩部按宽松落肩设计，落肩量加大为15cm，袖型按宽松袖角度在衣片上套取袖板，连驳大翻领，衣长至臀围线下，廓型为A型，宽松衣型效果，设计量按大衣宽松方法加放。

2. 绘制规格（表6-8）

表6-8　绘制规格表

成品规格：160/84A（M）　单位：cm

名称	衣长	胸围	袖长	肩宽	落肩量
尺寸	66	120	45	38	15

3. 原型工业基本型省道处理（图6-30）

此款以大衣宽松型板型为母板，后片、前片均保持基本型不变。

4. 绘制要点（图6-31）

衣片：从后颈点向下取66cm为衣长。

肩部和落肩：特别宽松的落肩袖的袖山高可以从衣片的实际腋下点沿袖长线向肩头方向取2.5cm，过2.5cm做袖中线的垂直线确定为落山线。

胸围：尺寸按实际尺寸计算，后片胸围/4、前片胸围/4。

后片的A型摆量：从后侧腰节点向外增加2cm，确定侧缝线。

前片的落山线的确定方法：将后片的落山线与袖中线的交点到肩点的距离测量出来，并在前片的肩点沿着前片的袖中线截取相同的长度即可。

前片的A型摆量：从后侧腰节点向外增加2cm，确定侧缝线。

衣袖：将制作完成的袖子拷贝下来，前袖和后片从袖中线处合并为基础袖，制作袖头贴边。

领子：前片领为连身型立翻领类，倒伏量为5.5cm，后领宽为12cm。

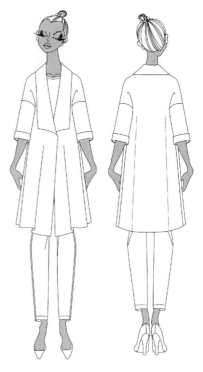

图6-29　宽松A型连驳翻领大衣效果图

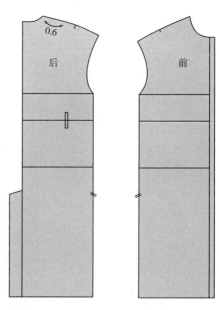

图6-30　宽松A型连驳翻领大衣工业基本型省道处理方法

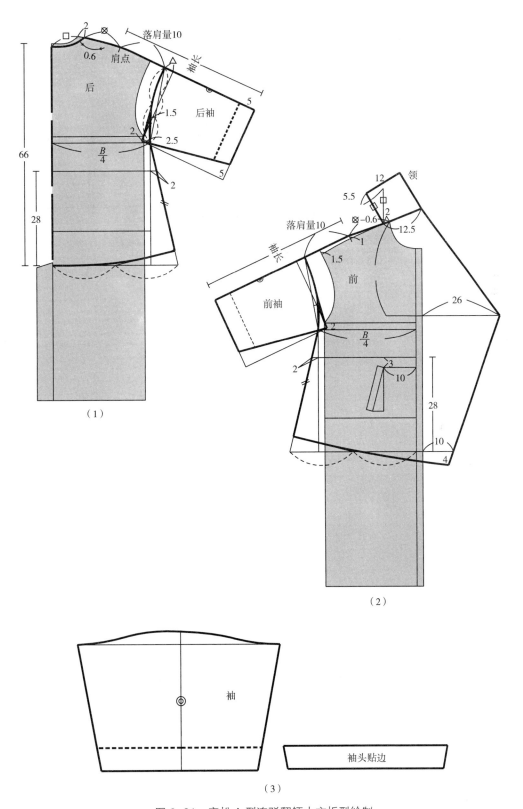

（1）

（2）

（3）

图 6-31　宽松 A 型连驳翻领大衣板型绘制

第三节　大衣宽松型肩线袖型变化款绘制实训

应用相同工业基础板和相同的廓型变化不同的肩线袖型是板型实训中掌握款式变化规律必要的技术知识。

一、大衣宽松型肩袖变化款（连肩袖）

1. 款式分析（图6-32）

应用宽松大衣工业基础板以相同的H型为轮廓变化衣片肩袖结构线。此款袖与肩部无分割线结构，称为连肩袖。掌握连肩袖在服装结构中的变化技巧。

2. 绘制规格（表6-9）

表6-9　绘制规格表

成品规格：160/84A（M）　　单位：cm

名称	衣长	胸围	腰围	臀围	袖长	袖口
尺寸	90	112	112	112	59	30

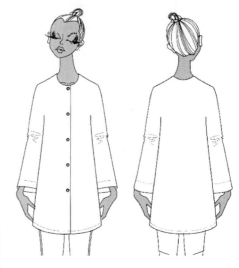

图6-32　宽松型连肩袖短大衣效果图

3. 原型（工业基本型）省道处理（图6-33）

此款以大衣宽松型板型为母板，后片、前片均保持基本型不变。

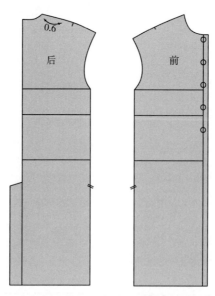

图6-33　宽松型连肩袖短大衣工业基本型省道处理方法

4. 绘制要点（图6-34）

衣片：从后颈点向下取90cm为衣长。

衣袖：后袖连肩袖的袖山高可以从衣片的实际腋下点平行于袖中线向肩头方向取

2.5cm，过2.5cm做袖中线的垂直线确定为落山线。

前袖连肩袖的落山线确定方法为：将后片落山线与袖中线的交点到基本型落肩点的距离测量出来，并在前片基本型落肩点沿着前片袖中线截取相同的长度即可。

袖底片：前、后内侧线拼合。

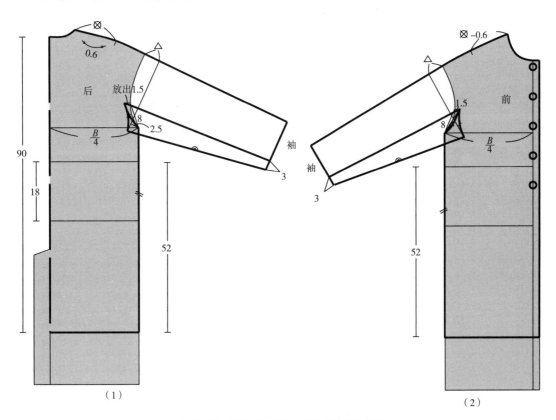

（1）　　　　　　　　　　　　　　（2）

图6-34　宽松型连肩袖短大衣板型绘制

二、大衣宽松型肩袖变化款（插肩袖）

1. 款式分析（图6-35）

应用宽松大衣工业基础板以相同的H型为轮廓变化衣片肩袖结构线。此款袖与肩部在领口处分割设计，称为插肩袖。掌握插肩袖在服装结构中的变化技巧。

2. 绘制规格（表6-10）

表6-10　绘制规格表

成品规格：160/84A（M）　　单位：cm

名称	衣长	胸围	腰围	臀围	袖长	袖口
尺寸	90	112	112	112	59	30

图6-35　宽松型插肩袖直身短大衣效果图

3. 原型（工业基本型）省道处理（图6-36）

此款以大衣宽松型板型为母板，后片、前片均保持基本型不变。

4. 绘制要点（图6-37）

衣片：从后颈点向下取90cm为衣长。

衣袖：后袖插肩袖的袖山高可以从衣片的实际腋下点平行于袖中线向肩头方向取2.5cm，过2.5cm做袖中线的垂直线确定为落山线。

前袖插肩袖的落山线的确定方法为：将后片的落山线与袖中线的交点到基本型的落肩点的距离测量出来，并在前片基本型的落肩点沿前片的袖中线截取相同的长度即可。

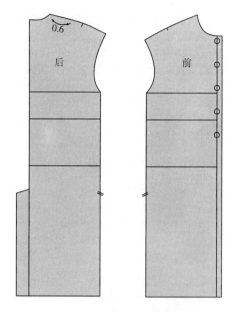

图6-36 宽松型插肩袖直身短大衣工业基本型省道处理方法

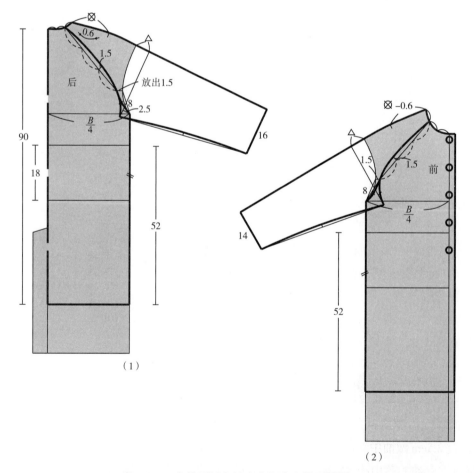

（1）

（2）

图6-37 宽松型插肩袖直身短大衣板型绘制

三、大衣宽松型肩袖变化款（过肩袖）

1. 款式分析（图6-38）

应用宽松大衣工业基础板以相同的H型为轮廓变化衣片肩袖结构线。此款袖与肩部在前门襟处分割设计，称为过肩袖。掌握过肩袖在服装结构中的变化技巧。

2. 绘制规格（表6-11）

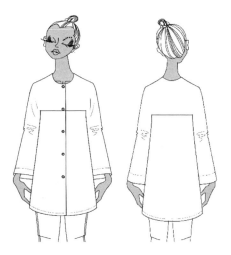

图6-38　宽松型过肩袖大衣效果图

表6-11　绘制规格表

成品规格：160/84A（M）　　单位：cm

名称	衣长	胸围	腰围	臀围	袖长	袖口
尺寸	90	112	112	112	59	30

3. 原型（工业基本型）省道处理（图6-39）

此款以大衣宽松型板型为母板，后片、前片均保持基本型不变。

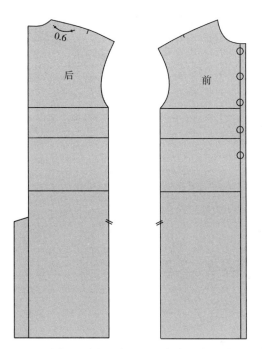

图6-39　宽松型过肩袖大衣工业基本型省道处理方法

4. 绘制要点（图6-40）

衣片：从后颈点向下取90cm为衣长。

衣袖：后袖过肩袖的袖山高可以从衣片的实际腋下点平行于袖中线向肩头方向取2.5cm，过2.5cm做袖中线的垂直线确定为落山线。

前袖过肩袖的落山线的确定方法为：将后片的落山线与袖中线的交点到基本型的落肩

点的距离测量出来，并在前片基本型的落肩点沿前片的袖中线截取相同的长度即可。

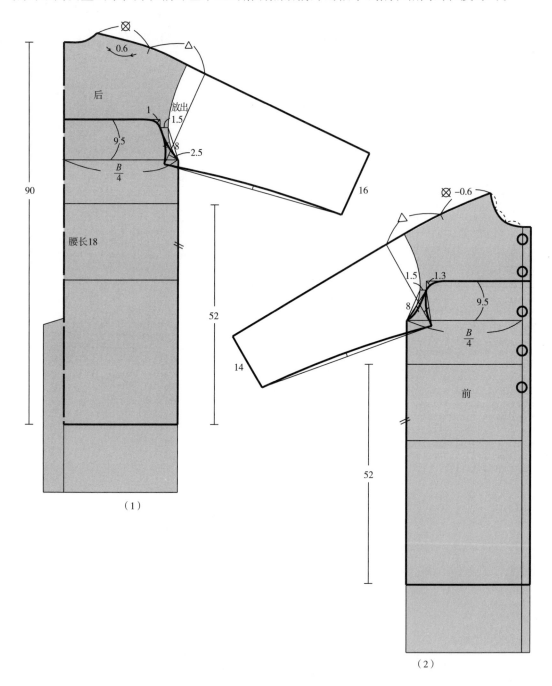

图 6-40　宽松型过肩袖大衣板型绘制

四、大衣宽松型肩袖变化款（落肩袖）

1. 款式分析（图 6-41）

应用宽松大衣工业基础板以相同的 H 型为轮廓变化衣片肩袖结构线，此款袖与肩部在袖山头处分割设计，称为落肩袖。掌握落肩袖在服装结构中的变化技巧。

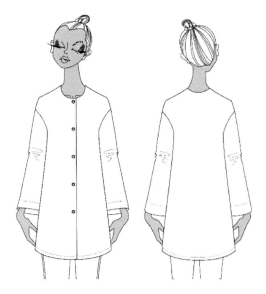

图6-41　宽松型落肩袖大衣效果图

2. 绘制规格（表6-12）

表6-12　绘制规格表

成品规格：160/84A（M）　　单位：cm

名称	衣长	胸围	腰围	臀围	袖长	袖口	肩宽	落肩量
尺寸	90	112	112	112	59	30	38（净）	6

3. 原型（工业基本型）省道处理（图6-42）

此款以大衣宽松型工业基本型为母板，后片、前片均保持基本型不变。

4. 绘制要点（图6-43）

衣片：从后颈点向下取90cm为衣长。

衣袖：后袖过肩袖的袖山高可以从衣片的实际腋下点平行于袖中线向肩头方向取2.5cm，过2.5cm做袖中线的垂直线确定为落山线。

前袖过肩袖的落山线的确定方法为：将后片的落山线与袖中线的交点到基本型的落肩点的距离测量出来，并在前片基本型的落肩点沿前片的袖中线截取相同的长度即可。

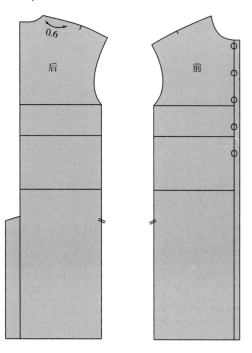

图6-42　宽松型落肩袖大衣工业基本型
省道处理方法

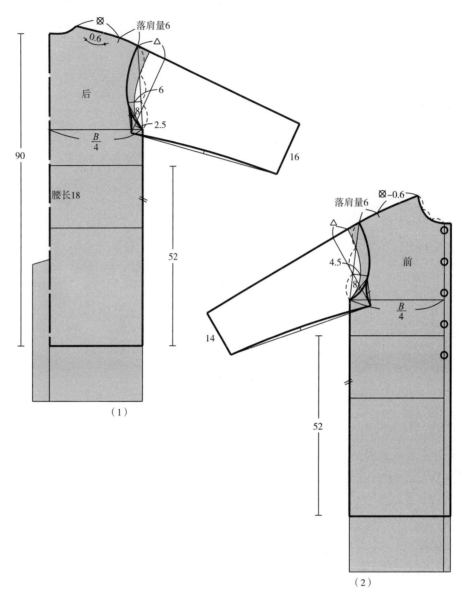

落肩量6
0.6
后
6
8
2.5
$\frac{B}{4}$
90
腰长18
52
16
（1）

落肩量6
⊗−0.6
△
4.5
8
前
$\frac{B}{4}$
14
52
（2）

图6-43　宽松型落肩袖大衣板型绘制

五、超短斗篷

1. 款式分析（图6-44）

斗篷是大衣的一种特殊变化款式。此款为超短披风插肩袖的造型效果，前门襟设计开尾拉链，立领，肩斜度为45°。

2. 绘制规格（表6-13）

表6-13　绘制规格表

成品规格：160/84A（M）　　单位：cm

名称	衣长	领高
尺寸	33	5

图 6-44　超短斗篷效果图

3. 绘制要点（图 6-45）

此款按比例法制作。领子为立领，领高 5cm；前门襟装 5 号拉链，需在前中线向内减去领片板型绘制 0.5cm 的拉链齿量。

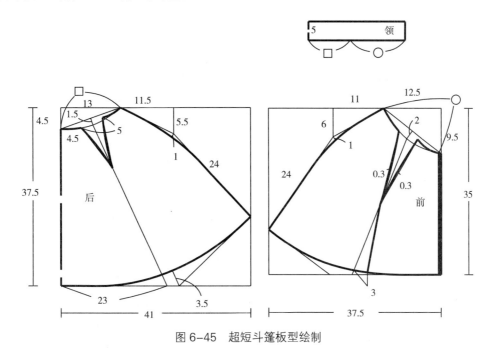

图 6-45　超短斗篷板型绘制

六、长斗篷

1. 款式分析（图 6-46）

此款为长披风插肩袖的造型，前门襟双排扣设计，大翻领，肩斜度按宽松角度设计大于 45°，在前片插肩分割线处设计两个嵌线装饰口袋，手可以从装饰口袋处穿过，是一个袖口较巧妙的设计元素。

2. 绘制规格（表6-14）

表6-14 绘制规格表

成品规格：160/84A（M）　单位：cm

名称	衣长	肩宽
尺寸	84	38（净）

3. 原型省道处理（图6-47）

后片原型：将肩胛省分三等份，在小肩宽处保留1/3的肩胛省做立体方式的归缩处理，剩余2/3的省量全部转移到袖窿处隐藏做平面省处理。前片原型：将胸省量全部保留在袖窿处做平面省处理。

图6-46 长斗篷效果图

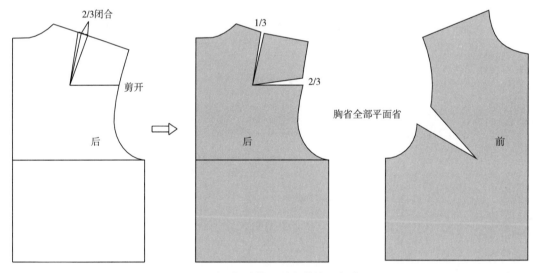

图6-47 长斗篷原型省道处理方法

4. 绘制要点（图6-48）

衣片：从后颈点向下取84cm为衣长。

后片肩部和斗篷的肩斜：将原型肩端点向外放出1cm，分别做10cm水平和垂直的等腰三角形，落肩的袖角度取宽松型袖角度在45°交点向下1cm做肩袖斜线。

前片肩部和斗篷的肩斜：将原型肩端点向外放出1cm，分别做10cm水平和垂直的等腰三角形，落肩的袖角度取宽松型袖角度在45°交点向下1.5cm做肩袖斜线。

前片门襟：双排扣，扣距宽为10cm，从扣起点到扣终点平均分配四等份为五排扣。

领子：将制作完成的前、后片肩部肩线拼合，制作领口外贴边宽4cm，平行于领弧。

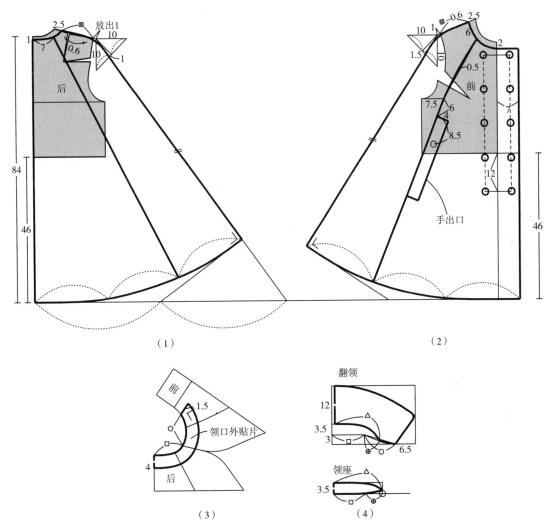

（1）

（2）

（3）

（4）

图 6-48 长斗篷板型绘制

第七章
连衣裙类服装

理论与技术实操——

课题名称：连衣裙类服装。

课题内容：连衣裙类服装概念；连衣裙类服装合体型服装造型绘制方法与实训；连衣裙类
　　　　　服装宽松型服装造型绘制方法与实训；连衣裙类服装相同廓型结构分割线变化
　　　　　款绘制方法与实训。

课题时间：16学时。

教学目的：了解连衣裙类服装造型方法，掌握连衣裙类服装合体型造型、宽松型造型和连
　　　　　衣裙类服装相同廓型结构分割线变化款绘制方法与技巧。

教学方式：理论授课、示范教学和实训。

教学要求：熟练绘制连衣裙类服装各种造型款式样板。

课前后准备：课后进行连衣裙类服装各种造型款式样板技术实操。

上衣与裙子连成一个整体成为一件式衣服称为连身裙或连衣裙。一件式连身裙有紧腰、松腰，分为有腰线和无腰线，有长连衣裙、有短连衣裙。连衣裙是女性生活中着装范围最广的样式，从家庭装到社交装、正式着装、晚宴裙服、婚礼礼服等，具体分类有连衣裙式睡衣、居家休闲连衣裙、衬衫式连衣裙、组合外观连衣裙、午后装连衣裙、夜礼服裙、婚礼服裙装等，可由面料、样式和用途区分。

【实训目的】

了解连衣裙类服装造型原理和绘制方法，掌握应用原型为基础绘制连衣裙类服装合体型、宽松型的工业基本型的方法，应用工业基本型绘制各种合体和宽松的连衣裙类服装。

【实训要求】

通过对连衣裙类服装造型原理和绘制方法的学习，能够熟练绘制各种连衣裙类服装合体型、宽松型和各种相同廓型结构分割线变化款。

【实训重点与难点】

重点：绘制连衣裙类服装合体型、宽松型的工业基本型，应用工业基本型绘制各种合体和宽松的连衣裙类服装款式。

难点：应用工业基本型绘制各种合体和宽松的连衣裙类服装的技术技巧。

【实训内容】

连衣裙类服装绘制共计18款，其中连衣裙类服装合体型工业基本型1款（图7-1）、连衣裙类服装合体型工业基本型廓型变化款6款（图7-2）、连衣裙类服装宽松型工业基本型1款（图7-3）、连衣裙类服装宽松型工业基本型廓型变化款4款（图7-4）、连衣裙类服装各种相同廓型结构分割线变化款6款（图7-5）。

图7-1　合体型连衣裙工业基本款

图 7-2　合体型连衣裙廓型变化款

图7-3　宽松型连衣裙工业基本款

图7-4　宽松型连衣裙廓型变化款

图7-5　连衣裙相同廓型结构分割线变化款

第一节　合体型连衣裙绘制实训

一、合体型连衣裙（工业基本款）

1. 款式分析（图7-6）

此款合体型连衣裙是基本裙款，其特征：无袖，小圆领领口，衣长至大腿中，廓型为直筒型。由于是合体类型造型，胸省量全部表现立体形式，作为工业基本型设计在侧缝线腋下省，后片中缝安装拉链。

2. 绘制规格（表7-1）

表7-1　绘制规格表

成品规格：160/84A（M）　　单位：cm

名称	衣长	胸围	腰围	臀围	肩宽
尺寸	86	92	92	94	35

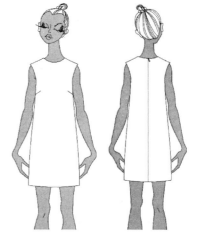

图7-6　合体型直身连衣裙效果图

3. 原型省道处理（图7-7）

后片原型：将小肩肩胛省分三等份，2/3的肩胛省量保留在小肩处做造型省处理，剩余1/3的省量转移到袖窿处隐藏做平面省处理。

前片原型：将胸省量转移到小肩处，前片绘制完成后再转移到腋下做腋下省。

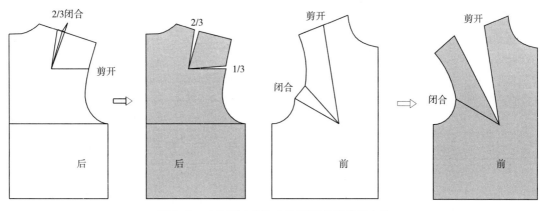

图7-7　合体型直身连衣裙原型省道处理方法

4. 绘制要点（图7-8）

衣片：从后颈点向下取86cm为衣长。

肩宽：以原型的肩宽38cm为基础，从单边肩端点减少1.5cm，共减少3cm，成品肩宽为35cm。

袖窿深：将原型的袖窿深上移1cm，避免合体无袖服装袖窿底暴露过多。

胸围：后片胸围/4-0.5cm，前片胸围/4+0.5cm，符合人体实际体型特征。

　　臀围和胸围的计算方法一致，腰围尺寸与胸围尺寸相同，后中线装隐形拉链，从后中点到臀围线交点处。前片绘制完成后，将小肩的胸省转移到腋下7cm处做腋下省，最后将胸高点后退3cm。

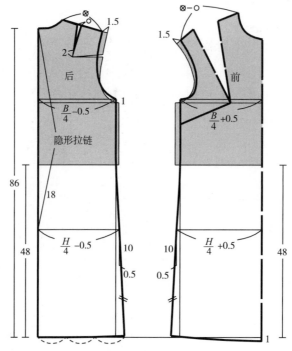

图 7-8　合体型直身连衣裙基本款绘制

图7-9为合体型直身连衣裙基本款的板型绘制。

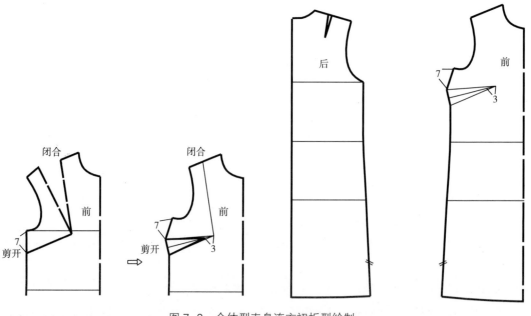

图 7-9　合体型直身连衣裙板型绘制

二、合体型连衣裙廓型变化款（A型长款）

1. 款式分析（图7-10）

此款连衣裙为合体型，无袖，无领小圆领口，衣长至小腿下，廓型为大A型，后领开口方便穿脱。由于是合体型的造型，胸省全量转移到下摆扩展量，并在侧缝线增加摆量，设计量按无袖合体上衣类加放。

2. 绘制规格（表7-2）

表7-2　绘制规格表

成品规格：160/84A（M）　　单位：cm

名称	衣长	胸围	肩宽
尺寸	128	92	33

3. 原型（工业基本型）省道处理（图7-11）

此款以连衣裙合体型板型为母板。后片基本型：过肩胛省的省终点向下做垂直线至下摆线相交，将小肩的肩胛省转移到垂直线展开下摆，扩展下摆的长度量。前片基本型：将立体表现的胸省转移到衣片的下摆，扩展下摆的长度量。

图7-10　A型长款连衣裙效果图

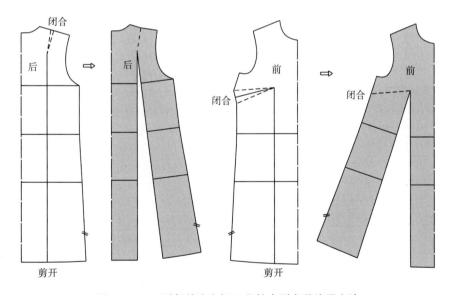

图7-11　A型长款连衣裙工业基本型省道处理方法

4. 绘制要点（图7-12）

衣片：从后颈点向下取128cm为衣长。

袖窿深：由于是合体类型服装，保持与基本型的袖窿深一致。

胸围：尺寸按实际尺寸计算，与基本型保持一致。

后片的A型摆量：从后基本型下摆侧点向外增加肩胛省转移到下摆的量的1/2，确定侧缝线。

　　前片的 A 型摆量：从前基本型下摆侧点向外增加胸省转移到下摆的量的 1/2，确定侧缝线。前片侧缝线的长度与后片侧缝线的长度对应相等。

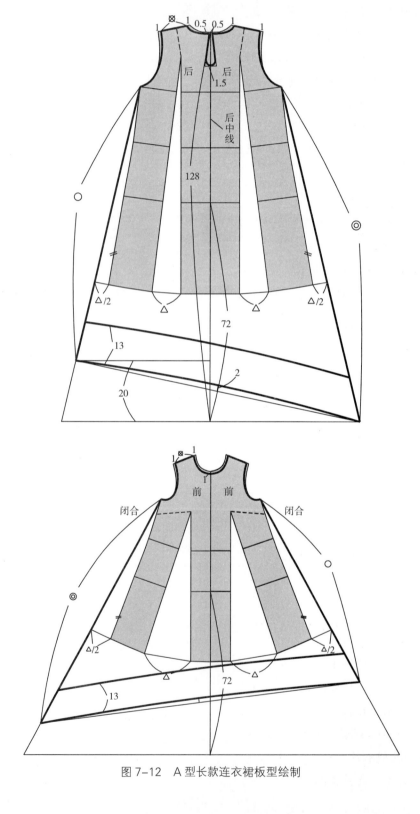

图 7-12　A 型长款连衣裙板型绘制

三、合体型连衣裙廓型变化款（A型吊带款）

1. 款式分析（图7-13）

此款A型吊带合体型连衣裙以工业基础型为原型母板，无袖吊带型，领口直线效果，衣长至小腿下，整体廓型为大A型，后片裙从侧片交叠在后中系带连接。由于是合体类型的造型，胸省转移到下摆扩展下摆长度，并在侧缝线增加摆量，设计量按无袖合体上衣类加放。

2. 绘制规格（表7-3）

表7-3　绘制规格表

成品规格：160/84A（M）　　单位：cm

名称	衣长	胸围
尺寸	110	92

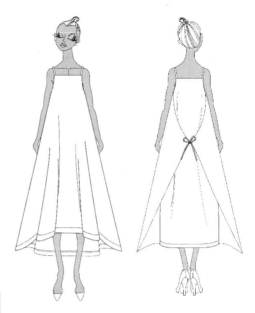

图7-13　A型吊带连衣裙效果图

3. 原型（工业基本型）省道处理（图7-14）

后片原型：肩胛省保留在小肩宽处。

前片原型：将胸省量全部转移到下摆处。

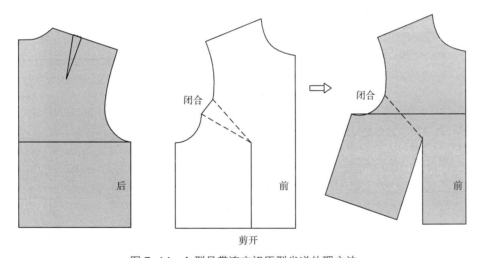

图7-14　A型吊带连衣裙原型省道处理方法

4. 绘制要点（图7-15）

衣片：在后中线从后腰围线向上取21cm，加上原型腰节定长38cm确定为衣长。

袖窿深：由于是合体无袖类型服装，原型的腋下点不变。

胸围：按实际胸围计算，后片胸围/4-0.5cm、前片胸围/4+0.5cm，前、后侧缝分别加大35cm为后交叠衣片。

肩带：此款是无袖类的吊肩带款，肩带宽1.5cm。

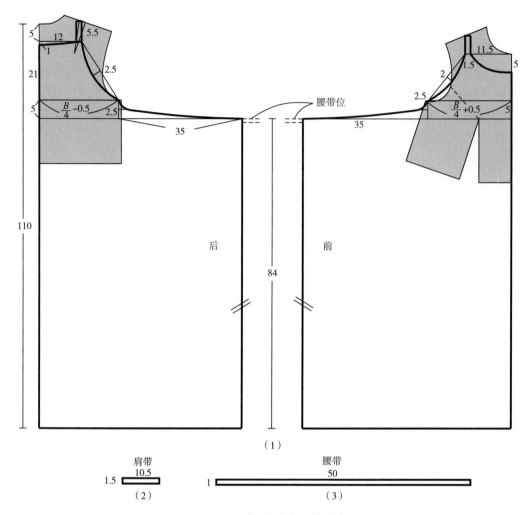

（1）

肩带
10.5
1.5
（2）

腰带
50
1
（3）

图 7-15　A 型吊带连衣裙板型绘制

四、合体型连衣裙廓型变化款（H型款）

1. 款式分析（图7-16）

此款连衣裙为合体型，短袖袖型，无领，领口分割，门襟设计为T恤式样，腰节处横向分割，腰节线下裙片加褶，衣长至大腿中下，廓型为H型。由于是合体型造型，胸省转移到侧缝线为腋下省，设计量按衬衣一般合体类加放。

2. 绘制规格（表7-4）

表7-4　绘制规格表

成品规格：160/84A（M）　　单位：cm

名称	衣长	胸围	腰围	袖长	肩宽
尺寸	90	96	96	15	38

图 7-16　H型连衣裙效果图

3. 原型（工业基本型）省道处理（图7-17）

后片原型：将小肩宽处肩胛省分二等份，小肩宽处保留1/2的肩胛省做立体的归缩处理，剩余1/2的省量转移到袖窿处隐藏做平面省处理。

前片原型：将胸省量分为三等份，2/3胸省量保留侧缝线处做立体省，1/3胸省量转移到袖窿处做平面省隐藏袖窿处理。

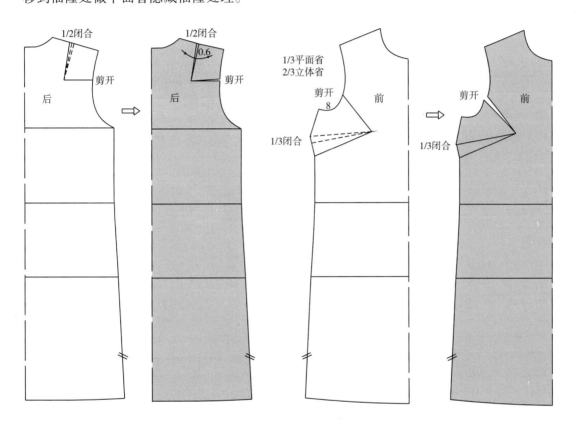

图 7-17　H 型连衣裙工业基本型省道处理方法

4. 绘制要点（图7-18）

衣片：从后颈点向下取90cm为衣长。

袖窿深：在基本型的腋下点处向下2cm。

胸围：按实际胸围计算，后片胸围/4-0.5cm、前片胸围/4+0.5cm。

腰围：后片胸围/4-0.5cm、前片胸围/4+0.5cm。

臀围：以实际尺寸计算，后片臀围/4-0.5cm、前片臀围/4+0.5cm。

前、后腰节：在基本型的腰节上提3cm，过侧腰节点在侧缝线向外放摆10cm。

袖片：袖山高取前、后片肩端点垂直距离的中点到胸围线的1/2向上1cm。袖吃缝量为1.5cm，袖斜线长度确定：前袖等于前AH-1cm、后袖等于后AH。

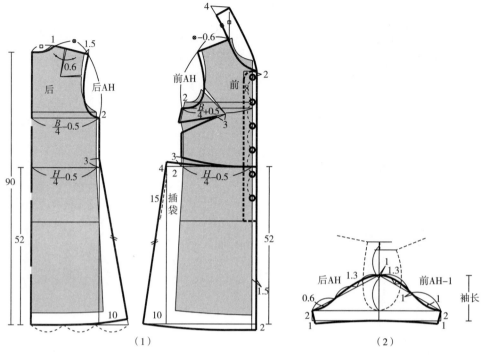

图 7-18　H 型连衣裙板型绘制

五、合体型连衣裙廓型变化款（X型有腰线款）

1. 款式分析（图7-19）

此款连衣裙为合体型，短袖，无领圆领口，前、后片腰节处横向分割为有腰节线款式，腰节线下裙片中间有工字褶，衣长至大腿中，廓型为X型，胸、腰差量为18cm。由于是合体型造型，将胸省量转移到腰省处合为全省，再转移到前中变为褶省，设计量按衬衣一般合体类加放。

2. 绘制规格（表7-5）

表7-5　绘制规格表

成品规格：160/84A（M）　　　单位：cm

名称	衣长	胸围	腰围	臀围	袖长	肩宽
尺寸	90	96	78	100	15	38

图 7-19　X 型有腰线连衣裙效果图

3. 原型（工业基本型）省道处理（图7-20）

后片原型：将小肩宽处肩胛省分二等份，小肩宽处保留1/2的肩胛省做立体的归缩处理，剩余1/2的省量转移到袖窿处隐藏做平面省处理。

前片原型：将胸省量分为三等份，2/3胸省量转移到小肩处做立体省，绘制完成后再转移到结构线，1/3胸省量转移到袖窿处做平面省隐藏袖窿处理。

4. 绘制要点（图7-21）

衣片：从后颈点向下取90cm为衣长。

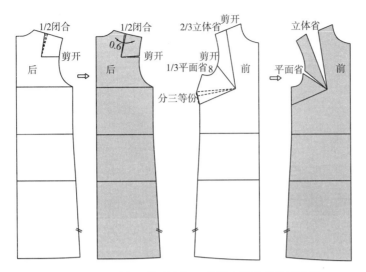

图 7-20　X型有腰线连衣裙工业基本型省道处理方法

胸围：按实际胸围计算，后片胸围/4-0.5cm、前片胸围/4+0.5cm。

腰围：在胸围线垂直于腰围线相交的侧腰点减少1cm（后片），后腰围线处取4cm宽收橡筋（橡筋长度成品尺寸18cm）。前片在侧腰点减少1cm，前腰省收省3cm，前腰围在前中心线向外增加10cm工字褶裥。

前片绘制完成后，将小肩的胸省和腰省转移到前中线与腰围线的交点到胸高点（BP点）的直线中，合为全省。

袖片：袖山高取前、后片肩端点垂直距离的中点到胸围线的3/4长度，落肩袖袖吃缝量为1.5cm。

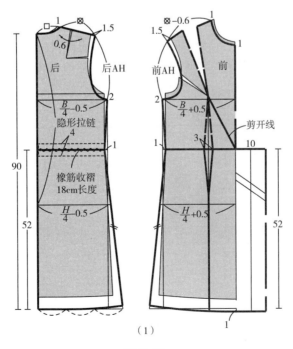

（1）

图 7-21

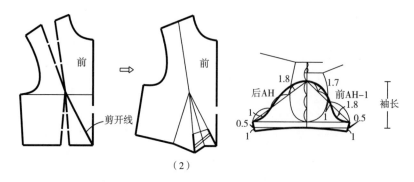

（2）

图 7-21 X型有腰线连衣裙板型绘制

六、合体型连衣裙廓型变化款（X型无腰线款）

1. 款式分析（图7-22）

此款连衣裙为合体型，盖袖袖型，T恤翻领，前、后片竖向分割线（公主线），腰节下裙片加顺褶，衣长至大腿中，整体廓型为X型，胸腰差量为18cm。由于是合体造型，胸省立体省部分转移到竖向分割线，设计量按衬衣一般合体类加放。

2. 绘制规格（表7-6）

表7-6 绘制规格表

成品规格：160/84A（M）　　单位：cm

名称	衣长	胸围	腰围	臀围	袖长	肩宽
尺寸	90	92	74	96	5	38

图 7-22 X型无腰线连衣裙效果图

3. 原型（工业基本型）省道处理（图7-23）

后片原型：保持肩胛省在小肩宽处不变。

前片原型：将胸省量分为三等份，2/3胸省量转移到小肩处做立体省，绘制完成后再转移到结构线，1/3胸省量转移到袖窿处做平面省隐藏袖窿处理。

4. 绘制要点（图7-24）

衣片：从后颈点向下取90cm为衣长。

胸围：尺寸与基本型尺寸相同保持不变。

腰围：腰省的具体尺寸按胸腰差18cm的量分配，后片收省总量为10cm，单边为5cm，分别是后腰省4cm、后侧腰省1cm，前片腰省总量为8cm，单边为4cm，分别是前腰省3cm、后侧腰省1cm。

前片绘制完成后，将前、后腰省去掉，向下展开16cm工字褶。

翻领：后领中向上抬高7.5cm，后领底领高为1.2cm，后领翻领宽为7cm，前领宽为7.5cm。

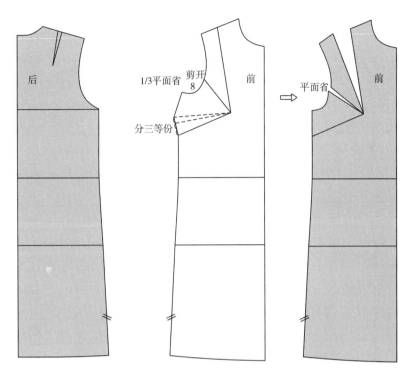

图 7-23　X 型无腰线连衣裙工业基本型省道处理方法

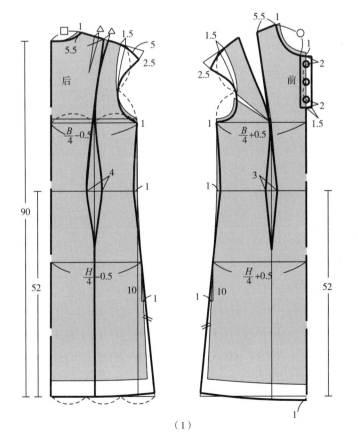

（1）

图 7-24

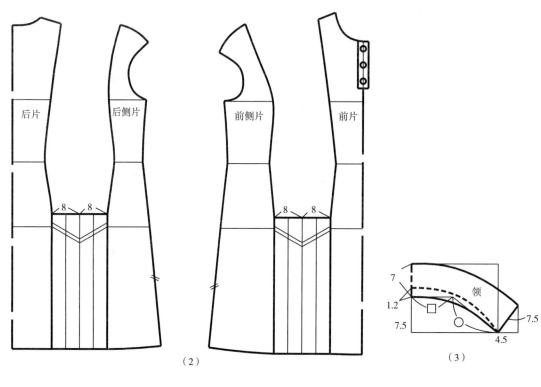

（2）

（3）

图 7-24　X 型无腰线连衣裙板型绘制

七、合体型连衣裙廓型变化款（O 型款）

1. 款式分析（图 7-25）

此款连衣裙为合体型，无袖袖型，无领小圆领领口，衣长至膝围线上，廓型为 O 型，在普通的臀围量基础上增加臀围量，后中线上装隐形拉链至领口，方便穿脱。由于是合体造型，胸省转移到袖窿处为袖窿省，设计量按无袖合体上衣类加放。

2. 绘制规格（表 7-7）

表 7-7　绘制规格表

成品规格：160/84A（M）　　单位：cm

名称	衣长	胸围	臀围	肩宽
尺寸	90	92	102	35

3. 原型（工业基本型）省道处理（图 7-26）

此款以大衣合体型工业基本型为母板，后片基本型保持不变，前片基本型将侧缝处胸省转移到袖窿做袖窿省。

图 7-25　O 型连衣裙效果图

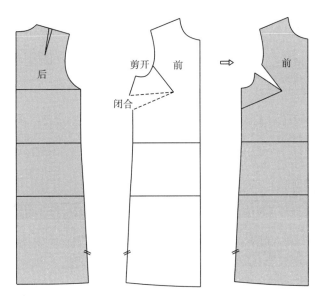

图 7-26　O 型连衣裙工业基本型省道处理方法

4. 绘制要点（图 7-27）

衣片：从后颈点向下取 90cm 为衣长。

胸围：按实际胸围计算，后片胸围 /4-0.5cm、前片胸围 /4+0.5cm。

前、后片腋下点向下做垂直线交于衣长线，过交点沿垂直线向上放 24cm 取交点并向外放 10cm 做侧缝线。后片中线从后颈点到后臀点装隐形拉链。

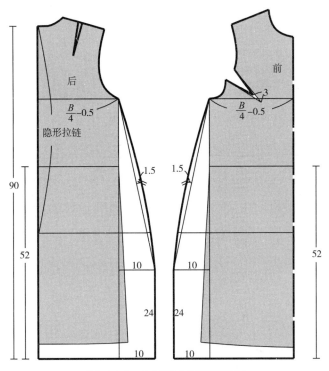

图 7-27　O 型连衣裙板型绘制

第二节　宽松型连衣裙绘制实训

一、宽松型连衣裙（工业基本款）

1. 款式分析（图7-28）

此款连衣裙特征为宽松型款式，短袖袖型，宽松的肩宽设计为41cm，衣长至大腿中，廓型为直筒型。由于是宽松类造型，胸省的1/2处理为平面省隐藏在袖窿处，剩余的1/2省量转移到下摆。设计量按一般宽松的上衣设计量加放。

2. 绘制规格（表7-8）

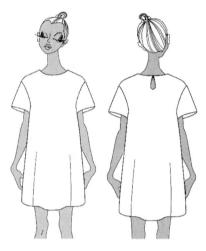

表7-8　绘制规格表

成品规格：160/84A（M）　单位：cm

名称	衣长	胸围	腰围	臀围	袖长	肩宽
尺寸	90	102	102	104	18	41

图7-28　宽松型无腰线连衣裙效果图

3. 原型省道处理（图7-29）

后片原型：将小肩肩胛省分三等份，1/3的肩胛省量保留在小肩处做造型省处理，剩余2/3的省量转移到袖窿处隐藏做平面省处理。

前片原型：将胸省量分为二等份，1/2胸省保留在袖窿处隐藏做平面省处理，1/2胸省转移到下摆。

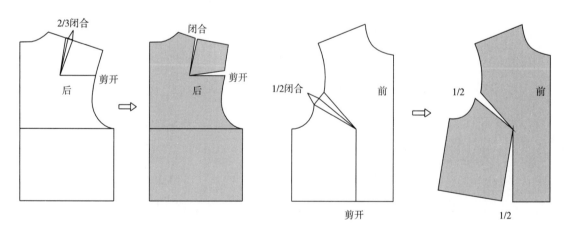

图7-29　宽松型无腰线连衣裙原型省道处理方法

4. 绘制要点（图7-30）

衣片：从颈点向下取90cm为衣长。

胸围：尺寸按实际尺寸计算，后片胸围/4、前片胸围/4。

前片门襟为对称连口，后领开滴水洞开口。

袖片：袖山高采用适合宽松袖型的公式计算为AH/4+2.5cm，短袖吃缝量为1~1.5cm，袖斜线的长度确定方法为前袖等于前AH-1cm、后袖等于后AH。

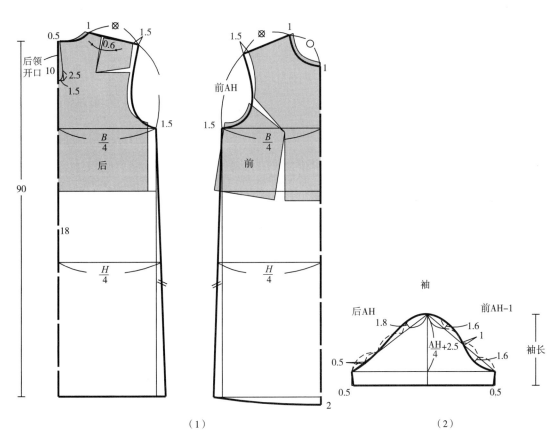

（1）

（2）

图 7-30　宽松型无腰线连衣裙板型绘制

二、宽松型连衣裙廓型变化款（A型款）

1. 款式分析（图7-31）

此款连衣裙为宽松型，短袖圆肩袖袖型，无领小圆领口，后领口开口系带，衣长至小腿中，廓型为A型，衣裙片的摆量在侧缝线处向外增加。由于是宽松类型造型，设计量按一般宽松上衣类加放。

2. 绘制规格（表7-9）

表7-9　绘制规格表

成品规格：160/84A（M）　单位：cm

名称	衣长	胸围	袖长	袖口	肩宽
尺寸	120	102	20	35	41

图 7-31　宽松 A 型连衣裙效果图

3. 原型（工业基本型）省道处理（图7-32）

此款以连衣裙宽松型板型为母板，后片、前片均保持基本型不变。

4. 绘制要点（图7-33）

衣片：从后颈点向下取120cm为衣长。

前片的A型摆量：从腋下点向下做垂直线交于衣长线，过该点向外增加30cm摆量确定侧缝线。

胸围：尺寸按实际尺寸计算，后片胸围/4、前片胸围/4。

袖片：袖山高为宽松或一般宽松型短袖款式，所以采用适合宽松袖型的公式计算袖山高为：AH/4+2.5cm。短袖吃缝量为1~1.5cm，袖斜线的长度确定方法为前袖等于前AH-1cm、后袖等于后AH，袖内侧线不缝合开衩7cm。

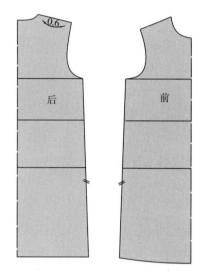

图 7-32 宽松A型连衣裙板型省道处理方法

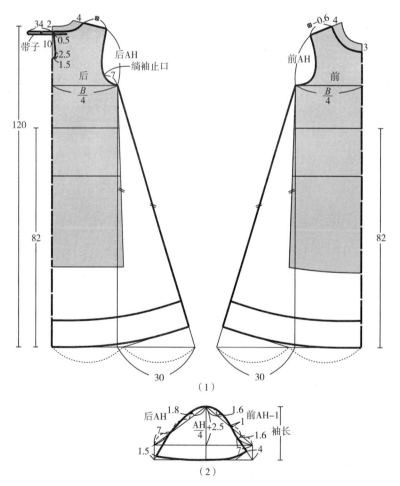

（1）

（2）

图 7-33 宽松A型连衣裙板型绘制

三、宽松型连衣裙廓型变化款（H型连肩袖款）

1. 款式分析（图7-34）

此款连衣裙为宽松型，连身短袖袖型，无领小圆领口，衣长至大腿中，廓型为H型，前衣片设计弧形造型省，省下端收褶。由于是宽松类造型，将胸省转入为造型省立体省结构，设计量按一般宽松上衣类加放。

2. 绘制规格（表7-10）

表7-10 绘制规格表

成品规格：160/84A（M） 单位：cm

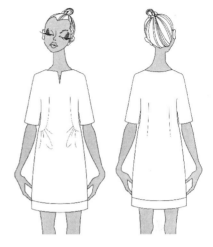

图7-34 宽松H型连肩袖连衣裙效果图

名称	衣长	胸围	腰围	臀围	袖长	袖口
尺寸	90	102	84	102	35	30

3. 原型（工业基本型）省道处理（图7-35）

此款以连衣裙宽松型板型为母板，后片、前片均保持基本型不变。

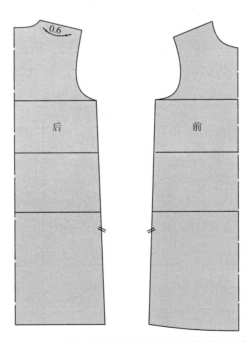

图7-35 宽松H型连肩袖连衣裙省道处理方法

4. 绘制要点（图7-36）

衣片：从后颈点向下取90cm为衣长。

肩部和落肩：将原型肩点向外放出1.5cm，分别做10cm水平和垂直的等腰三角形，落肩的袖角度取袖角度在45°交点向上1.5cm处（后片）、1cm处（前片）。连肩袖腋下插入宽7cm的腋下插片，前裙片下部做两条展开线，展开量分别5cm。

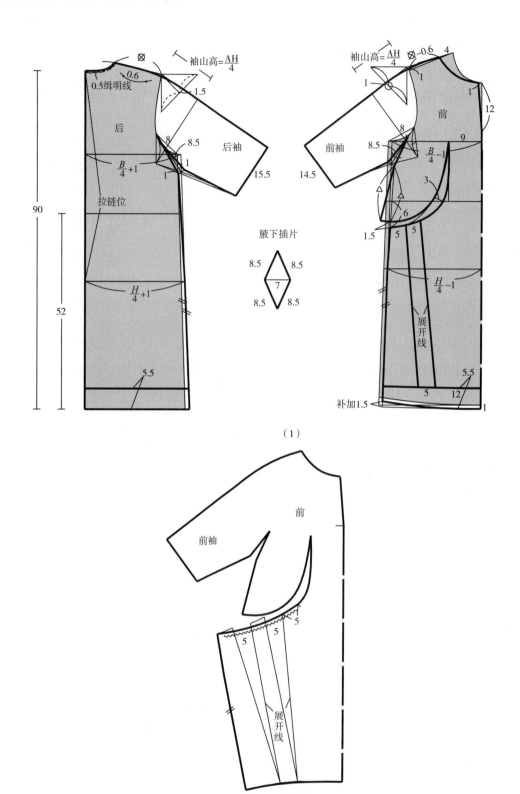

图 7-36 宽松 H 型连肩袖连衣裙板型绘制

四、宽松型连衣裙廓型变化款（X型款）

1. 款式分析（图7-37）

此款连衣裙为宽松型，插肩长袖袖型，无领前领口加褶，衣长至大腿中，廓型为X型，胸腰差为18cm。由于是宽松类造型，腰省量全部转移到领口变为领口褶的效果，设计量按一般宽松上衣类加放。

2. 绘制规格（表7-11）

表7-11 绘制规格表

成品规格：160/84A（M）　　单位：cm

名称	衣长	胸围	腰围	臀围	袖长	袖口
尺寸	90	102	84	102	57	20

图7-37 宽松X型插肩袖连衣裙效果图

3. 原型（工业基本型）省道处理（图7-38）

此款以连衣裙宽松型板型为母板，后片、前片均保持基本型不变。

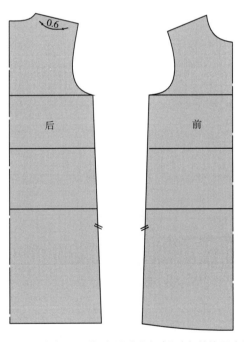

图7-38 宽松X型插肩袖连衣裙板型省道处理方法

4. 绘制要点（图7-39）

衣片：从后颈点向下取90cm为衣长。

肩部和落肩制图方式相同：将原型肩端点向外放出1.5cm，分别做10cm水平和垂直的等腰三角形，落肩的袖角度取袖角度在45°交点向上0.5cm处（后片）、前片在45°交点处不变。前片绘制完成后，将衣片上部的腰省闭合转移到领口处进行收褶处理。

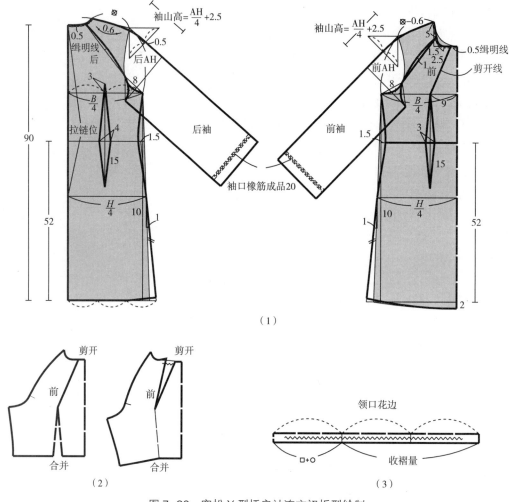

袖山高$=\dfrac{AH}{4}+2.5$

0.5
0.6
缉明线
后
0.5
后AH
3
8
$\dfrac{B}{4}$
拉链位
4
1.5
后袖
15
袖口橡筋成品20
$\dfrac{H}{4}$
10
1
90
52

袖山高$=\dfrac{AH}{4}+2.5$
⊗−0.6
5
0.5缉明线
1.5
2.5
前AH
1前
剪开线
8
$\dfrac{B}{4}$
9
前袖
1.5
3
1
10
$\dfrac{H}{4}$
15
52
2

（1）

剪开
前
合并

剪开
前
合并

（2）

领口花边
□+○
收褶量

（3）

图7-39　宽松Ⅹ型插肩袖连衣裙板型绘制

五、宽松型连衣裙廓型变化款（H型落肩袖款）

1. 款式分析（图7-40）

此款连衣裙为宽松型，落肩中袖袖型，无领圆领口，衣长至小腿中，廓型为H型，低腰线分割线，裙片设计百褶省。由于是宽松类造型，设计量按一般宽松上衣类加放。

2. 绘制规格（表7-12）

表7-12　绘制规格表

成品规格：160/84A（M）　　单位：cm

名称	衣长	胸围	腰围	臀围	袖长	袖口	肩宽	落肩量
尺寸	114	102	102	102	52	21	38（净）	7

图7-40　宽松H型落肩袖连衣裙效果图

3.原型（工业基本型）省道处理（图7-41）

此款以连衣裙宽松型板型为母板。后片、前片均保持基本型不变。

4.绘制要点（图7-42）

衣片：从后颈点向下取114cm为衣长。

后片胸围尺寸按实际尺寸计算，后片胸围/4。

肩部落肩袖：过胸围线向下取22cm做横向分割线，并增加12cm的裥量，分为三个4cm裥省。

前片胸围尺寸按实际尺寸计算，前片胸围/4。过胸围线向下取22cm做横向分割线，并增加12cm的裥量，分为三个4cm裥省。

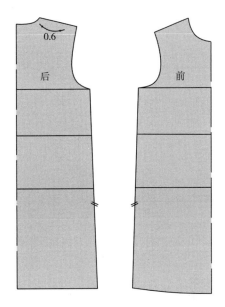

图7-41　宽松H型落肩袖连衣裙板型省道处理方法

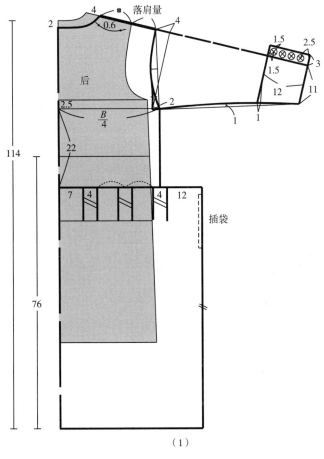

（1）

图7-42

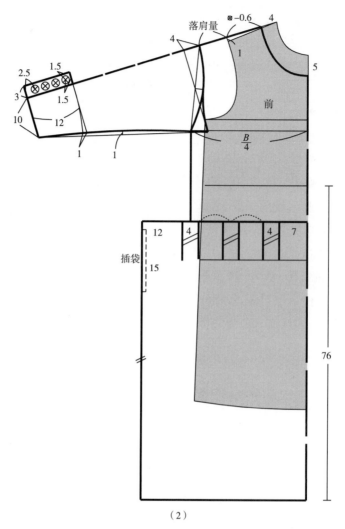

图 7-42　宽松 H 型落肩袖连衣裙板型绘制

第三节　相同廓型分割线变化款绘制实训

应用相同工业基础板和相同的廓型变化不同的内部结构线是板型实训中举一反三的必要技术知识。

一、横向分割线变化款（育克线款）

1. 款式分析（图 7-43）

应用相同合体型连衣裙工业基础板 H 型为廓型，变化衣片内部结构分割线，运用横向分割线结构在胸高点（BP）附近变化，将立体省设计在横向分割线处，掌握横向分割线在服装结构中的变化技巧。

2. 绘制规格（表7-13）

表7-13 绘制规格表

成品规格：160/84A（M） 单位：cm

名称	衣长	胸围	腰围	臀围	袖长	袖口	肩宽
尺寸	90	96	92	100	15	30	38

3. 原型（工业基本型）省道处理（图7-44）

此款以合体型连衣裙板型为母板。后片将肩胛省分二等份，在肩部保留1/2的肩胛省做归缩处理，1/2的省量转移到袖窿处隐藏做平面省处理。前片将胸省量分三等份，2/3胸省量转移到小肩处做立体省，1/3胸省量转移到袖窿处做平面省隐藏袖窿。

图7-43 育克线连衣裙效果图

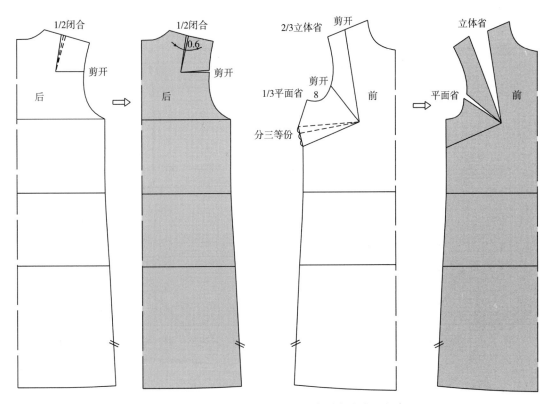

图7-44 育克线连衣裙工业基本型省道处理方法

4. 绘制要点（图7-45）

衣片：从后颈点向下取90cm为衣长。

腰省：具体尺寸分配按胸腰差4cm的量，后片收省总量为2cm，单边后侧腰省向内减1cm，前片腰省总量为2cm，单边前侧腰省1cm。

胸省：前片绘制完成后，小肩的胸省转移到袖窿横向分割线内。

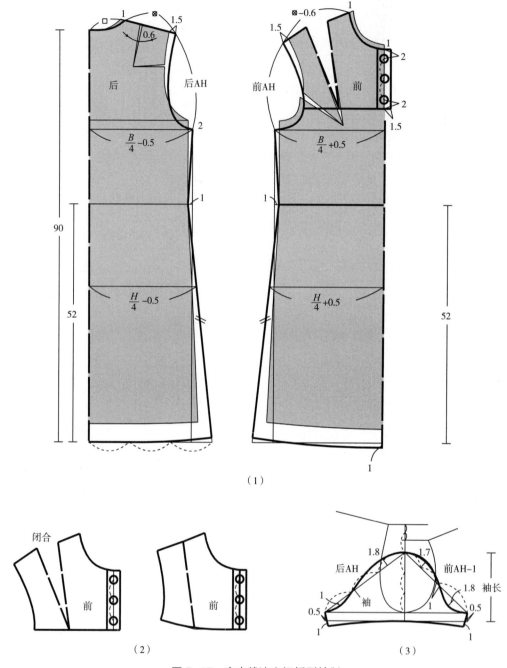

（1）

（2）　　　　　　　　　　　　（3）

图 7-45　育克线连衣裙板型绘制

二、横向分割线变化款（高腰线款）

1. 款式分析（图 7-46）

应用相同合体型连衣裙工业基础板，以相同的 H 型为廓型，变化衣片内部结构分割线，运用高腰线横向分割线结构在下胸围处变化，将立体省设计在腰省处，掌握横向分割线在服装结构中的变化技巧。

2. 绘制规格（表7-14）

表7-14　绘制规格表

成品规格：160/84A（M）　单位：cm

名称	衣长	胸围	腰围	臀围	袖长	袖口	肩宽
尺寸	90	96	78	100	18	30	38

3. 原型（工业基本型）省道处理（图7-47）

此款以合体型连衣裙板型为母板。后片将肩胛省分二等份，在肩部保留1/2的肩胛省做归缩处理，1/2的省量转到袖窿处隐藏做平面省处理。前片将胸省量分三等份，2/3胸省量转移到小肩处做立体省，1/3胸省量转移到袖窿处做平面省隐藏袖窿。

图7-46　高腰线连衣裙效果图

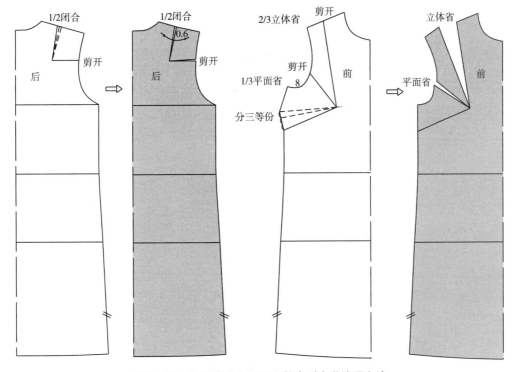

图7-47　高腰线连衣裙工业基本型省道处理方法

4. 绘制要点（图7-48）

衣片：从后颈点向下取90cm为衣长。

腰省：具体尺寸分配按胸腰差4cm的量，后片收省总量为2cm，单边后侧腰省向内减1cm，前片腰省总量为2cm，单边前侧腰省1cm。

　　胸省：前片绘制完成后，小肩的胸省转移到胸高点（BP）下9cm的横向分割线腰省内。

　　袖山高取前后片肩点的中点到胸围线的3/4长度，落肩袖袖吃缝量为1.5cm，将制作完成的袖子确定三条展开线分别展开，展开量为4cm，总量共计12cm为收褶量，袖牌宽1.5cm。

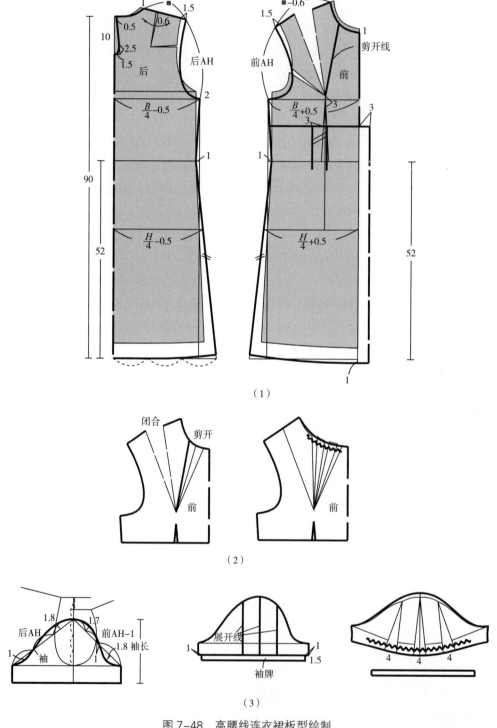

图 7-48　高腰线连衣裙板型绘制

三、横向分割线变化款（低腰线款）

1. 款式分析（图 7-49）

应用相同合体型连衣裙工业基础板为廓型，变化衣片内部结构分割线，运用低腰线横向分割结构在臀围线附近变化，将立体省设计在侧缝线腋下省处，掌握横向分割线在服装结构中的变化技巧。

2. 绘制规格（表 7-15）

表 7-15　绘制规格表

成品规格：160/84A（M）　　　单位：cm

名称	衣长	胸围	腰围	臀围	肩宽
尺寸	90	92	86	96	35

3. 原型（工业基本型）省道处理（图 7-50）

此款以合体型连衣裙板型为母板，后片、前片均保持基本型不变。

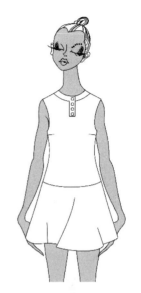

图 7-49　低腰线连衣裙效果图

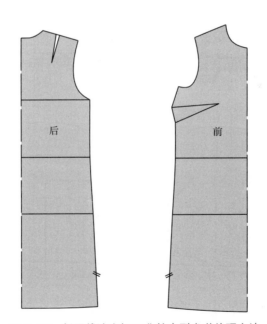

图 7-50　低腰线连衣裙工业基本型省道处理方法

4. 绘制要点（图 7-51）

衣片：从后颈点向下取 80cm 为衣长。

腰省：具体尺寸分配按胸腰差 6cm 的量，后片收省总量为 3cm，单边后侧腰省向内减 1.5cm，前片腰省总量为 3cm，单边前侧腰省 1.5cm。

胸省：前片绘制完成后，过前、后腰围线向下 10cm 处做横向分割线，并将分割线以下部分展开裙摆。

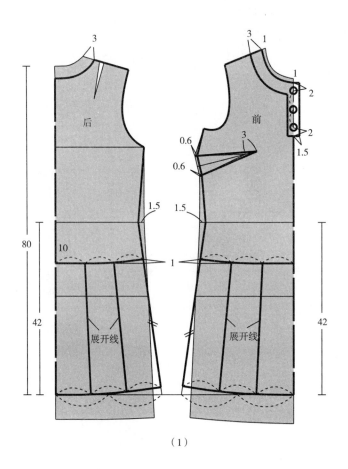

（1）

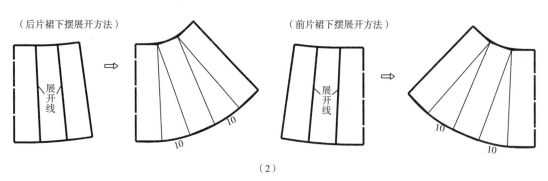

（后片裙下摆展开方法）

（前片裙下摆展开方法）

（2）

图7-51　低腰线连衣裙板型绘制

四、竖向分割线变化款（刀弧分割线款）

1. 款式分析（图7-52）

应用相同合体型连衣裙工业基础板为廓型，变化衣片内部结构分割线，运用竖向分割线结构设计刀弧形分割线，将立体省设计在竖向分割线处，掌握竖向分割线在服装结构中的变化技巧。

2. 绘制规格（表7-16）

表7-16　绘制规格表

成品规格：160/84A（M）　　　单位：cm

名称	衣长	胸围	腰围	臀围	袖长	袖口	肩宽
尺寸	90	96	78	100	15	30	38

3. 原型（工业基本型）省道处理（图7-53）

此款以合体型连衣裙板型为母板。后片将肩胛省分二等份，在肩部保留1/2的肩胛省做归缩处理，1/2的省量转移到袖窿处隐藏做平面省处理。前片将胸省量转移到袖窿处做立体省。

4. 绘制要点（图7-54）

衣片：从后颈点向下取90cm为衣长。

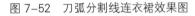

图7-52　刀弧分割线连衣裙效果图

腰省：具体尺寸分配按胸腰差18cm的量，后片收省总量为10cm，后片单边收省总量为5cm，单边后侧腰省向内减1cm、后片腰省为4cm，前片腰省总量为8cm，前片单边总量为4cm，单边前侧腰省1cm、前片腰省为3cm。

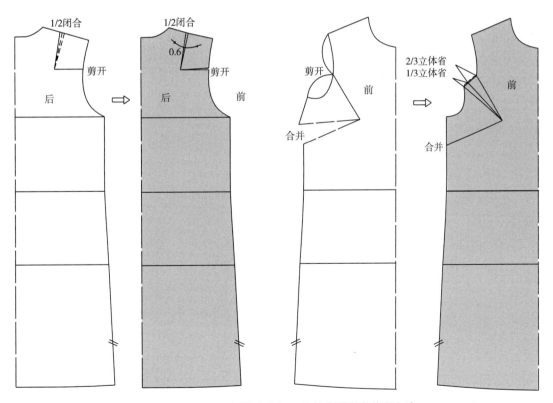

图7-53　刀弧分割线连衣裙工业基本型省道处理方法

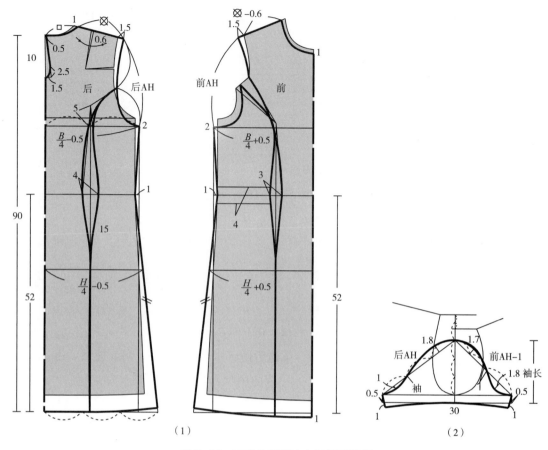

图 7-54 刀弧分割线连衣裙板型绘制

五、竖向分割线变化款（公主线分割线款）

1. 款式分析（图 7-55）

应用相同合体型连衣裙工业基础板，变化衣片内部结构分割线，运用竖向公主线分割线，将立体省设计在竖向分割线处，掌握竖向分割线在服装结构中的变化技巧。

2. 绘制规格（表 7-17）

表 7-17　绘制规格表

成品规格：160/84A（M）　　单位：cm

名称	衣长	胸围	腰围	臀围	袖长	袖口	肩宽
尺寸	90	92	74	96	45	25	38

图 7-55　公主线分割线连衣裙效果图

3. 原型（工业基本型）省道处理（图 7-56）

此款以合体型连衣裙板型为母板。后片保持基本型不变。前片将胸省分三等份，1/3 的胸省量转到袖窿处隐藏做平面省处理，2/3 胸省量转移到小肩处做立体省。

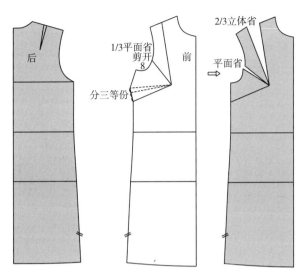

图 7-56　公主线分割线连衣裙工业基本型省道处理方法

4. 绘制要点（图7-57）

衣片：从后颈点向下取90cm为衣长。

腰省：具体尺寸分配按胸腰差18cm的量，后片收省总量为10cm，后片单边收省总量为5cm，单边后侧腰省向内减1cm、后片腰省为4cm，前片腰省总量为8cm，前片单边总量为4cm，单边前侧腰省1cm、前片腰省为3cm。后片肩胛省放在后片竖向分割线（公主线）内，前片小肩处的胸省放在前片竖向分割线（公主线）内。

领子：平领类制作方法。将前、后片的小肩合并，前、后领弧作为平领的下领弧线，平行5cm为平领宽，前、后领画出圆弧造型。

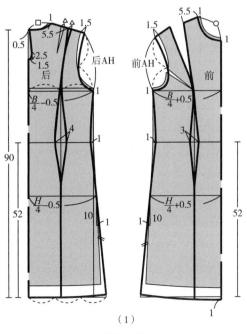

（1）

图 7-57

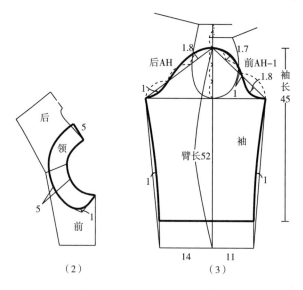

图 7-57　公主线分割线连衣裙板型绘制

六、竖向分割线变化款（领弧形分割线款）

1. 款式分析（图7-58）

应用相同合体型连衣裙工业基础板，变化衣片内部结构分割线，运用竖向领弧形分割线，将立体省设计在竖向分割线处，掌握竖向分割线在服装结构中的变化技巧。

2. 绘制规格（表7-18）

表7-18　绘制规格表

成品规格：160/84A（M）单位：cm

名称	衣长	胸围	腰围	臀围	袖长	袖口	肩宽
尺寸	90	92	74	96	15	30	38

3. 原型（工业基本型）省道处理（图7-59）

此款以合体型连衣裙板型为母板。后片保持基本型不变。前片将胸省分三等份，1/3的胸省量转移到袖窿处隐藏做平面省处理，2/3胸省量转移到小肩处做立体省。

图 7-58　领弧形分割线连衣裙效果图

4. 绘制要点（图7-60）

衣片：从后颈点向下取90cm为衣长。

腰省：具体尺寸分配按胸腰差18cm的量，后片收省总量为10cm，后片单边收省总量为5cm，单边后侧腰省向内减1cm、后片腰省为4cm，前片腰省总量为8cm，前片单边总量为4cm，单边前侧腰省1cm、前片腰省为3cm。前、后片绘制完成后，将后片小肩处肩胛省合并转移到后领竖向分割线内，前片小肩处的胸省转移到前领口竖向分割线内。

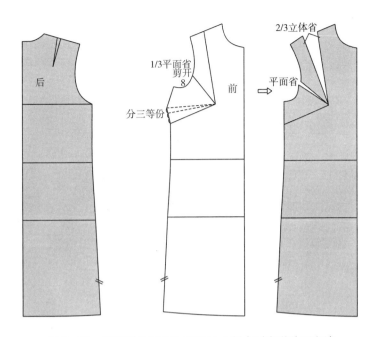

图 7-59　领弧形分割线连衣裙工业基本型省道处理方法

　　将前、后肩点垂直距离分两等份，从中点到胸围线的距离分四等份，取 3/4 做袖山高。

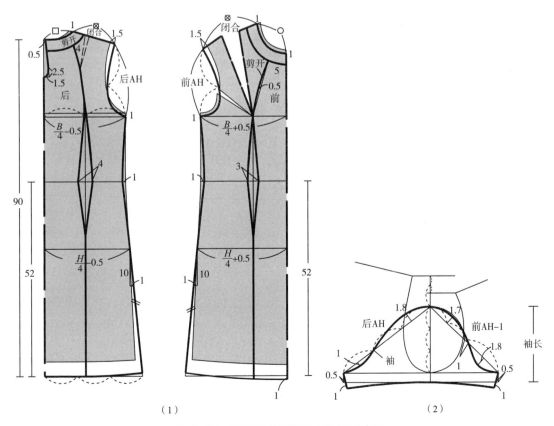

（1）　　　　　　　　　　　　　　　　　　　（2）

图 7-60　领弧形分割线连衣裙板型绘制